實　用

知　識

寶鼎出版

這樣開
一人外送餐廳
成為活下來的那

林亨栽 임형재 ——— 合著 ——— 손승환 孫勝煥

배달장사의 진짜 부자들
성공하는 작은
식당 소자본 배달시장의
모든 것

5%

李煥然
譯

小資本外送餐廳，
從小規模開始做起就會比較輕鬆嗎？

　　我在軍隊中以陸軍軍官的身分度過20幾歲的時光，2014年6月，我用東拼西湊準備好的錢在8坪左右的狹小空間裡開了人生第一家店，過了整整7年後的今天，成為300多家直接加盟店和10幾個品牌的連鎖店總部代表。

　　在第一家店裡迎來第一位顧客那份激動的心情還沒有消失，不知不覺就接到品牌總營業額突破200億韓元的消息，頓時感到一陣訝異，這真的是由我打造出來的成果嗎？不過擺在眼前的新進加盟店契約書和每天統計的營業額證明了這一點，對於至今仍努力不懈的自己和一起工作的同事們，我的心中只有感謝。

「不要以為規模小，工作就會少。」

如果你是準備創業的人或新手老闆，我希望你務必記住這句話。因為雖然經營「小資本一人餐廳」需要投入的金額相對較低，但是該做的工作量絕對不會比較少，即使規模小了點，要做的工作也不會減少，經營起來也不會比較輕鬆，反而需要更多的努力。正因為如此，就算是小資本創業，也沒有理由輕言放棄，更沒有理由感到自卑，畢竟沒有任何人知道，這家店能夠成長到什麼地步。重要的是，現在所有的故事都要從這裡出發，一切都取決於自己的想法。

有句話說：「對待你的店面，就像在養你的孩子一樣。」換句話說，如果因為孩子體型瘦小，就以狹小的心胸來養育他，最後孩子就只會成為渺小的存在；縱使孩子身材瘦小，只要以寬大的心胸來養育他，孩子就會長成巨大的存在，成為優秀的人物，而各位的店面就如同那個「瘦小的孩子」。

從目前市面上出版的許多創業相關書籍來看，打造舒適的空間，也就是活用室內裝飾，專注於視覺方面的實體消費者店面占主流，但是這本書以不需要太多經費的「小資本一人外送創業」相關的實際經驗為基礎，講述自身從中領

悟到的技巧。在新冠疫情爆發以後，進一步加速「零接觸（Untact）」時代的來臨，乘著這股風潮，我透過「外送－打包－內用3way」系統，挑選商圈和地理位置，正式開始經營最有利於營業額提升的「一人外送餐廳」，現在已經拓展到了200多家的外送型店面。我擷取自己在這段過程領悟到的技巧核心內容，放進這本書中，相信對於準備創業的人來說，書中的建議一定會有所幫助。

正如同我們的一分一秒都很珍貴，每一家店面也都很珍貴，縱使店面再小都一樣。現在所有的一切都要從這裡出發，這才是重點。希望這段從8坪開始的小型餐廳故事，可以對於同樣從8坪起步的眾多新手創業者有所幫助，我衷心期盼各位都能夠得償所願。

最後，我要感謝許多在這本書出版的路上為我提供幫助的人：謝謝「0410F&B」的金信理事，總是在最親近的位置上陪我一起煩惱；謝謝The Bareun F&B的朴俊英組長，無論在任何環境下都不會失去正能量，始終為周遭注入活力；謝謝金東日代理，總是默默扮演好自己的角色，同時不斷提出具有前瞻性的提案，簡直是公司裡的楷模；謝謝The Roxy Aesthetic的朴詩妍代表，她那股不知疲倦為何物的推進力，為我帶來了巨大的靈感；謝謝（股）「Infun communication」的尹錫仁代表，用富有價值的資訊給予我許多的幫助；謝謝（股）「三百企劃」的金俊燮本部長，總是對於商圈不吝給予指教和建議；謝謝 Changple 的韓範久代表，用那顆真心為新手創業者們著想的心引發我的共鳴；謝謝 IWIN Enterprise 的尹漢柱代表，總是毫無保留地分享加盟連鎖系統寶貴經驗和知識；謝謝 Masitalk TV 的裴成宇代表，總是憑藉開朗樂觀的能量帶來源源不絕的創意；謝謝高允陽社長，他真心熱愛著自己的工作，總是樂於為顧客提供服務；謝謝我值得信賴的可靠後輩旻鍾；謝謝這本書的共同作者孫勝煥，願意向我分享他總是能夠做出最佳選擇的智慧；謝謝慧眼識珠的 Readlead 出版社，給予這本書出版的機會。

除此之外，我還要向從原本一無所有的時期開始就願意信任我、在物質和精神上不吝提供援助的親愛的老婆，以及一直以來支持著我的家人表達感謝之意。

Jangbaenam TV　林亨栽

要開小型外送餐廳，
只要看這本書就夠了！

2014年正值加盟連鎖的熱潮，當時有很多新手創業者們盲目地挑戰開獨立餐飲店，結果紛紛以失敗告終，只好選擇加盟缺乏經驗的連鎖企業，但又經營得很辛苦，眼見這樣的情況，我出版了《在加盟創業之前你最好要知道的事情》。雖然很可惜這本書現在已經絕版，不過在教保文庫[1]的加盟連鎖領域，這本書連續4年位居第一名，對於韓國的創業市場應該多少帶來了些許的助益。

這次出版的《這樣開一人外送餐廳，成為活下來的那5%》，承載了我睽違5年回到韓國後，在籌備外送餐廳時整

---

1 韓國最具代表性的大型連鎖書店之一。

理出來的技巧和經驗。希望這本書能夠對於準備初次創業的新手，以及在餐飲業與加盟連鎖公司上班的人們帶來些許幫助。

　　回到韓國後，在和許多加盟連鎖企業的代表們與自營業者，尤其是餐飲業的相關人士見面時，我每次都會聽到他們說「好像是時候來開外送專賣的餐飲店了」，但是到目前為止，市面上能夠為他們帶來幫助的書一本都找不到。隨著獨居族群的增加、智慧型手機APP的便利性，再加上新冠疫情的肆虐，在當前急遽變化的韓國餐飲市場上儼然缺少不了「外送」這個關鍵字。

「不要忘記，主導市場的永遠都是顧客！」

　　「獨食！打包！外送！」這3個關鍵字將會主導今後餐飲市場的時代潮流。最近我聽說有英國白種元[2]之稱的「傑米‧奧利佛（Jamie Oliver）」宣告破產，這件消息著實令人震驚。1999年，英國廚師傑米‧奧利佛以年僅24歲之姿開啓「明星主廚」的時代，2003年還獲得英國王室的第五等級大英帝國勳章，但是如今他卻整頓過去經營25家以上

---

2 韓國知名企業家、廚師，在經營餐飲集團之餘，亦主持和參與美食綜藝節目，是韓國最
　具影響力的餐飲專家。

的餐廳，超過1,000名主廚和服務人員也因此失業，他訴苦說自己承擔不起迅速上漲的租金和稅金，再加上連原料費都漲價了，所以餐廳的經營才會陷入困境，不過輿論對於沒能掌握趨勢（時代的變化）的他還是給予正面的評價，同時也紛紛表達了遺憾之情，這裡指的趨勢是「玄關前的戰爭」，也就是線上飲食外送服務。

中國餐飲市場營業額的20%左右已被外送市場搶占，韓國也處於差不多的情況，雖然已經有很多專家開始在分析市場，也有很多人為了創業開外送餐飲店，到處東奔西走打探消息，但是仍然會聽到有人在抱怨很難獲得實際有用的資訊，因此為了傳遞我親身體驗到的市場現狀，以及引領變化之處創造成功的關鍵，我決定寫下這本書。

這本書網羅韓國外送創業市場最全面的內容，總共由4部所構成，從基本的營業和宣傳、不可或缺的顧客管理，到員工及廚房管理等瑣碎的內容都沒有漏掉。在第1部，我們分析了韓國的外送市場，寫下有助於創業者增進認識的資訊；第2部寫的是挑戰外送創業所需的實用資訊；第3部寫的是成功所需的行銷祕訣；第4部寫的是我們能從那些藉由外送創業取得成功的業者身上，學到技巧。

我希望每個準備開外送餐廳卻苦無資訊的人，都可以透

過這本書獲得一點幫助，甚至搖身一變成為成功案例中的帥氣主角，我衷心期盼這本書能夠成為那些為外送創業而煩惱之人的小小指南針。

最後，我想對幫助我寫出這本書的人們表達感謝：「（股）三百企劃」的金俊燮本部長、在行銷方面為我帶來堅強力量的「（股）Infun communication」的尹錫仁代表、「Palette Hannam」的姜秉陽代表和姜秉勳副代表、「Sindosegi / Dabulro牛小排」的崔尚久代表、「感性廚房」的金恩尚代表和金英才理事、「青春湯雞爪」的吳承根代表與李賢宇理事、「Donday」的金泰鎮代表、「Maekhyeong TV」的李承賢代表、「Masitalk TV」的裴成宇代表、「（股）Yuson食品」的柳善國代表、「Interior」的宋泰熙代表，還有總是在旁邊帶給我力量、一起寫下這本書的共同作者──「Goptteok Chitteok」的林亨栽代表，以及最早提議出版的「Readlead」出版社，我要再次對他們致上謝意。

除此之外，我也要向即使我有所不足，卻一直視我為己出的天父，還有不管我做什麼，總是願意給予我信任和支持的家人們表達感謝之意。

「（股）三百企劃」代表　孫勝煥

目次

向外送市場
下戰帖

PART 01

用小資本
瞄準大利潤

PART 02

學習將利潤
最大化的祕訣

PART 03

靠小型外送餐廳
達成 1 億韓元的營業額

PART 04

無論你是20歲或80歲，凡是停止學習的人就是老頭子，

堅持學習的人將會永保年輕，

一顆年輕的心是生命中的寶物。

亨利·福特（Henry Ford）

向外送市場
下戰帖

如今已進入外送的全盛時代，尤其熱愛餐飲外送的人們正在增加中，不需要花費額外的時間和努力，也能夠挑選口味、營養和衛生都有所保障的餐點送到家裡來，這股風潮在新冠疫情爆發後持續呈現增加的趨勢，也逐漸成為日常生活的一部分。隨著科技的進步，如今不管任何人，無論何時何地，都可以輕鬆訂購自己想要的餐點，換句話說，金錢正在湧進外送市場。你渴望的是什麼呢？是成功嗎？既然如此，不妨試著開一間小型外送餐廳吧！

Chapter 01

外送
是時代的趨勢

在這個世界上，外送市場的規模究竟有多大呢？根據市場調查公司Frost & Sullivan的調查顯示，全球線上餐飲外送市場規模如〔圖表1-1〕所示，2018年為820億美元（約合95兆韓元[3]），預估到2025年將會成長2.3倍，達到2,000億美元（大約232兆韓元），另一家全球顧問公司麥肯錫（McKinsey & Company）也預測，從2018年到2020年的平均成長率有14.9%，值得關注的是，這兩家調查機構都預估會有年均2位數的成長。

---

3 新台幣與韓元匯率約為1：40。

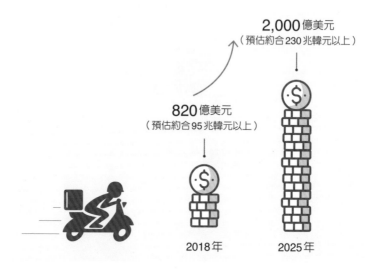

2,000億美元
（預估約合230兆韓元以上）

820億美元
（預估約合95兆韓元以上）

2018年　　　　　2025年

〔圖表1-1〕線上餐飲外送市場的規模（單位：美元）

　　實際上，在新冠疫情爆發之後，全世界的外送市場規模都在飛速成長，從原本店鋪對消費者直接面對面的方式，到如今隨時隨地都能點餐，這樣的機制已經系統化。除此之外，外送在口味和衛生方面也有保障，又兼具迅速和親切的特性，和消費者的距離愈來愈近，因此透過手機進行營業、訂餐、結帳的外送市場，正在逐漸成為各大IT企業的兵家必爭之地，近年來透過大膽激進的全球M&A，更是有大量企業被併購。

　　這樣的風潮在韓國也正在發生，2019年12月13日，「快遞英雄」（Delivery Hero）以45億美元（約合5兆韓元）的價格併購韓國第一大外送平台企業「外送的民族」。事實上，「快遞英雄」早在2018年為了收購「外送的民族」，就已經提出3兆韓元的併購案，但是遭到「（股）優雅兄弟」（Woowa Brothers）的拒絕。沒能順利完成併購的「快遞英雄」為了搶攻市占率，不惜花費高達1,000億韓元的鉅額行銷費用大膽出擊，可是最終還是被「外送的民族」拿下了勝利，於是他們只好更改計畫，調高金額進行收購。

　　藉由這項併購案，「快遞英雄」一舉成為擁有韓國國內外送平台使用者98.7%的壟斷企業，「（股）優雅兄弟」的創辦人金奉鎮代表也成為「快遞英雄」的亞洲總負責人，由於壟斷管制與公平交易相關法律的規範，目前他們正在拋售「Yogiyo」。

　　《華爾街日報》（WSJ）表示：「亞洲地區的消費者很習慣電子商務交易和數位結帳，所以使用餐飲外送平台的可能性比較大，其中又以人口高達6億的東南亞特別值得關注。」除此之外，根據美國經濟雜誌《富比士》的報導，2018年在新創餐飲外送服務上的投資金額高達96億美元（約合11兆韓元），其中有60%就投入在亞洲地區，目前亞洲在整個外送市場規模中也以55%占了最大的比重。

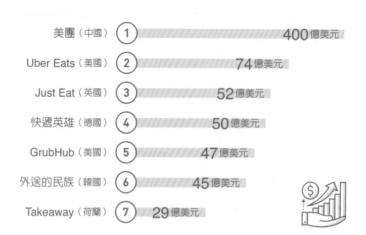

〔圖表1-2〕世界主要外送平台訂單金額排名

2014年，我在中國設立餐廳的時候，沒想到韓國這樣的外送系統能夠步上軌道，當時商家獲得的營業額中大部分都是現金結帳，信用卡也不常見，所以包含我們在內的大多數商店，都沒有設置信用卡的讀卡機，但是隨著使用智慧型手機的微信支付和阿里巴巴的支付寶代替了現金，中國比任何國家都更快速地轉型成了無現金社會。與此同時，憑藉著IT技術的基礎，中國的外送市場也在短短幾年內飛速成長，其結果就如〔圖表1-2〕所示，中國企業「美團」（Meituan）占了全世界外送平台訂單金額的第一名。

不敵「Yogiyo」與「外送的民族」而撤出韓國的「Uber Eats」，於2014年8月在美國加利福尼亞州聖莫尼卡嘗試經營餐飲外送，2015年更名為「Uber Eats」平台，將事業版圖擴展到紐約、芝加哥、巴賽隆納等地，荷蘭「Takeaway」於2020年1月9日在阿姆斯特丹舉行的臨時股東大會上通過與「Just Eat」的合併，「Just Eat」提出的金額是77億美元（約合9兆韓元），「Takeaway」藉此重生成為歐洲最大的外送平台。

▶ 世界外送平台排名

第一名：「美團」（中國）

第二名：「Uber Eats」（美國）

第三名：「Takeaway」（荷蘭）

Chapter 02

無限擴張的
外送市場

　　根據市場調查公司「Nielsen KoreanClick」的資料顯示，依照2021年的使用者來看，「外送的民族」以59%位居第一，其後依序為「快遞英雄韓國」（Delivery Hero Korea）的「Yogiyo」占30%，以及「Coupang Eats」占11%。2020年12月28日，韓國公正交易委員會宣布批准「快遞英雄」的企業併購案，取得「外送的民族」88%的股份，不過有一個附帶條件，那就是由於「快遞英雄」手上已經擁有「Yogiyo」，預期外送市場可能會遭到壟斷，所以「快遞英雄」必須在6個月內出售子公司的股份。

　　這是在「快遞英雄」以40億美元的價格（約合5兆韓元）取得了經營「外送的民族」業者「（股）優雅兄弟」的

韓國第一個外送服務平台「外送通」

股份,並且向韓國公正交易委員會申報企業併購後,經過了一年才出爐的結論。2019年,韓國外送平台的市場規模為九兆兩千九百五十億韓元,對比前一年成長84.6%,另外資料也顯示,外送產業已經占整個餐飲市場規模的53%,其比例相當可觀,甚至有人預測,受到新冠疫情的影響,2020年和2021年的市場規模將會擴張至15兆韓元。

　　韓國外送平台的歷史要從2010年由「Stony Kids」(代表金相勳)推出的「外送通」開始說起,「外送通」包含了兩種含義,一是外送美食的「桶」,二是不管哪裡都能「通」的外送[4]。「外送通」雖然是韓國最早的外送平台業者,但是在上市5年後,就被賣給了外界看好極具潛力的德國公司「快遞英雄」。

---

4 「桶」與「通」在韓文中寫法讀音相同。

2012年開始在韓國提供外送平台服務的「Yogiyo」

　　接手「外送通」的德國公司「快遞英雄」，從2012年開始就在韓國推出外送平台服務，也就是廣為韓國人所熟知的「Yogiyo」。

　　德國公司「快遞英雄」於2012年在韓國設立「Yogiyo」，由韓文單字「這裡here」加上填飽肚子免受飢餓之苦的「充飢」組合而成，所以「Yogiyo」起初剛推出的時候，消費者理所當然地以為這是一家韓國企業。「外送的民族」抓住了這一點，採取「我們是什麼民族？」的行銷策略，告訴大家「Yogiyo」是外國企業，一舉打入了市場。

5「這裡」與「充飢」在韓文中寫法讀音相近。

透過「我們是什麼民族？」的行銷策略打入市場的「外送的民族」

　　在那之後，「外送的民族」累積訂單數突破2億件，累積訂單金額突破2兆韓元，2016年4月還從亞洲最大的創投高瓴資本（Hillhouse Capital）那裡獲得570億韓元的投資，結果「外送的民族」在2016年上半年創下營業額349億韓元，營業利益9億韓元的佳績，首次成功轉虧為盈，除此之外，他們在2018年的營業額與營業利益更是分別達到了3,200億韓元和596億韓元。

　　「外送的民族」在與「外送通」差不多相同時期的2011年推出，目前企業價值為5兆億韓元，月平均訂單數突破4,000萬件，月平台訪客達1,200萬人。雖然公司起初只有單純的外送服務，可是現在已將事業版圖擴展至物流與電子商務等各式各樣的領域，逐漸轉型成一間飲食科技公司，

正在朝著各種領域擴展事業版圖的「外送的民族」

2019年底獲得德國「快遞英雄」的併購後，也投入自動駕駛型機器人與機器人出租系統的開發。

2019年4月，Coupang推出「Coupang Eats」的服務，但是截至2020年為止，市場占有率只有3.1%，服務範圍也僅止於首都圈，於是「Coupang Eats」在2021年改變策略，採取「30分鐘送到」、「訂單金額最低0元」、「免外送費」等大膽的行銷手法，迅速拉高了市場占有率。

另一方面，雖然外送服務平台正在蓬勃發展，卻也有人指出了他們對使用的加盟店訂定過多手續費的問題。針對這點，地方的公家機關正在自行開發外送平台，比方說京畿

coupang eats

採取大膽的行銷手法迅速拉高市場占有率的「Coupang Eats」

道的「外送特急」、首爾市的「ZERO外送」、「貪吃鬼」等等。外送平台的競爭預期在今後亦將持續下去，因此商家會透過低廉的手續費來提高收益，相信消費者也能夠獲得高品質的服務。

Chapter 03

外送市場
必將成長的理由

　　韓國的外送市場規模已經成長到了20兆韓元，在新冠疫情爆發後，外送市場的成長速度更是成了全球性的現象。正如〔圖表3-1〕所示，只要觀察3年來「Naver資料實驗室」（Naver Data Lab）中「外送創業」這個關鍵字的成長率，就能夠一眼看出我們為什麼要關注外送創業，外送儼然已經成為帶動經濟成長的時代趨勢。

　　讓我們來看看外送市場必將成長的5個理由吧！

第一點，便利性

　　智慧型手機在日常生活中已經成為不可或缺的必需品，除此之外，金融科技也已經發展到能讓我們使用智慧型手機

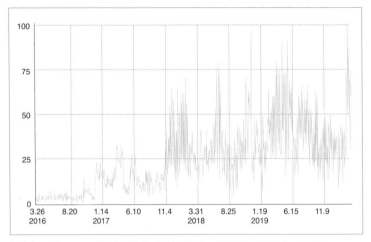

〔圖表3-1〕Naver資料實驗室「外送創業」關鍵字三年變化曲線圖

進行金錢交易，「外送的民族」與「Yogiyo」等企業正是看準這一點，才會開發外送服務APP，讓所有熟悉智慧型手機的消費者都可以輕鬆訂購餐點。

　　走過翻閱電話簿的時代到搜尋優惠券的時代，我們實現了飛躍性的發展。打開外送APP，從符合個人喜好的店家到新加入的店家、按照排名分類的店家應有盡有，只要點個幾下就可以訂餐，你以為只有這樣嗎？更方便的是，我們還可以請外送員幫忙送上門，在自己想要的地點取餐。

　　如果現在10～20幾歲的年輕世代成為主要消費族群，這樣的趨勢必然會進一步成長。實際上，就目前50～60歲的族群來說，外送APP的使用人口就明顯下降，家裡要點餐

的時候，通常也是由小孩代為使用外送APP來點餐，如果把這點代入市場成長的可能性，外送市場的前景可說是一片光明。

第二點，信賴性

在過去，我們常常會有些偏見，認為外送餐點生產於消費者看不到的地方，所以可能不太衛生。因為不知道是什麼人用怎樣的材料做出來的，所以往往難以放心。然而，在現在這個時代，我們可以透過外送APP的留言功能、店家資訊等等直接與老闆對話，消費者也可以幫店家打分數，或許正是因為如此，有很多家中有年幼孩子與三人家庭的人都異口

隨著年輕世代成為主要消費族群，外送餐點的訂單必然會有所成長

同聲地說，比起在超市買菜，偶爾用外送解決一頓飯，反而能夠減少不必要的浪費，這才是合理的消費。就算扣除做菜的時間和精力，我們也可以得到這樣的結果，所以年輕世代並不會執著於一定要吃家裡煮的，而是會節約能源，選擇更為實際的做法。

第三點，多樣性

只要是用過「外送的民族」或「Yogiyo」等外送平台的人，相信都會深有同感，那就是如今能夠使用外送訂餐的食物已經變得十分多樣，以前的外送餐點只能點到韓式炸醬麵、炸雞、豬腳和宵夜等久久才會吃一次的食物，但是現

如今已經進入了連烤肉的烤盤和瓦斯爐都可以叫外送的外送全盛時代

在除了這些外食以外，就連天天都在吃的普通家常菜也可以使用外送訂餐。總而言之，選擇要吃什麼這件事情變得很有趣，除了米線、拉麵等麵食以外，還有義大利麵之類的各式西餐、咖啡或麵包等點心類，甚至是韓式烤五花肉，而且連烤肉的烤盤和爐子都會幫你外送到府，儼然可謂是外送的全盛時代。

第四點，零接觸社會的到來

即使不考慮新冠疫情的影響，自古以來就有許多人會在日常生活中與其他人面對面交談時感到不自在，與此同時，在各種商務場合上，比起面對面談公事，偏好遠距交流的趨勢也逐漸成長，「讓人們不需要彼此面對面的方法」這個命題甚至成為了 IT 企業間的熱門話題，可見大家對於零接觸服務的需求是無庸置疑的。

我常常因為談生意往返於韓國與中國之間，比起每次都要花上昂貴的國際電話費用與客戶交談，我認為使用「KakaoTalk」[6]或「微信（中國社群平台）」進行對話更加經濟實惠，對方也會感到比較自在。在商務場合之

---

6 韓國目前使用率最高、最為普及的通訊軟體，類似台灣常用的「LINE」。

外，以日常生活來說，在很多家庭裡，家人之間也會使用「KakaoTalk」來進行簡單的交談，令人不禁對於時代的變化感到驚奇。

　　隨著新冠疫情的爆發，進一步加快了這個時代的變遷，透過視訊會議或 ERP 系統（一種企業資源管理系統，藉由統一管理生產、銷售、人事、會計等資料以最大化組織營運效率的創新經營方法之一），我們想方設法提高在家辦公的工作效率。有越來越多人渴望擺脫為了面對面做事情的移動時間和心理負擔，而外送產業正好滿足了消費者這樣的需求。

第五點，創業市場人力吃緊

　　由於最低工資上漲與相關政策的變動等緣故，在餐飲市場上，僱用員工的成本越來越高，甚至還出現了惡意利用僱用法規的案例，可見經營店家的老闆身上背負的壓力非同小可。因為人事成本的考量，有許多準備創業的人紛紛投入了可以「獨立單人營運」的外送創業，因為實體的餐廳生意如果少了員工，在實際營運時就會面臨困境，但是外送生意在沒有員工的情況下，仍然能夠完全獨立營運。就算一口氣來了太多訂單，來不及調理出餐，也可以運用「暫停接單功能」來靈活地經營賣場。

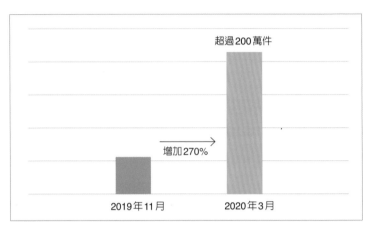

〔圖表3-2〕「外送的民族」訂餐在四個月內累積的訂單數量

　　「外送的民族」功能裡的「外民訂餐」指的其實就是
「餐點自取」的銷售模式。根據「外送的民族」的資料，如
〔圖表3-2〕所示，2019年11月的訂單數量只有74萬件，但
是就在四個月後的2020年3月，訂單數量成長了250%，突
破200萬件。

　　全世界的專家一致認為，雖然不知道這樣的成長速度能
維持到什麼時候，但是外送市場的良好發展將會進一步獲得
加速，這就是為什麼我們一定要關注外送創業的原因。

Chapter 04

外送創業的
4種方法

在外送創業中，也出現了大批的連鎖企業，其特點在於提供只要聽到品牌就會聯想到口味的宣傳與菜單，在沒有經驗或對手藝沒信心的時候，第一次嘗試自營業的新手創業者往往會選擇加盟連鎖店，由於有接受系統性的教育，並以半加工型態的食材進行烹煮，口味也從而獲得保障；相反地，如果長期在餐飲業工作，或者對自己的手藝有自信，往往會選擇能夠獨自掌控一切的「單獨創業」。

就在幾年前，除了炸雞和披薩業以外，大部分企業都是以個別商號的形式在經營，如果現在還擁有個人店面的話，我會建議在既有店面的基礎上外加一個外送部門的「店中店」（shop in shop）模式，你可以替手上經營的餐飲店新

增一套菜單,或是讓完全不同類別的業者進駐,意即由兩個業者來共同經營一個地方,另外就算不做「連鎖加盟」,透過「共享廚房」系統也可以創業。

關於共享廚房,我們會在後面再做一次整理,不過現在的實際情況來說,供給反而超過了需求,有很多企業都找不到進駐的創業者,即使是最初因為所需資本較少的優點而產生興趣,想要了解共享廚房創業的人,大多也都將目光轉向連鎖加盟創業或個人創業。

接下來,讓我們具體了解一下店中店、單獨創業、連鎖加盟和共享廚房這4種形態的外送創業。

店中店

顧名思義就是「在店面裡的店面」。在做生意的過程中,為了創造更多的利潤,需要做出兩大努力,那就是盡量賣得越多越好,並且減少目前的固定支出。然而租金、人事費用、水電費等固定成本,往往有很難再往下壓低的極限值,所以只能從銷售方面下手,而其中一種方法,就是增加新的品項。

事實上,店中店的概念在外送市場像現在這麼熱絡以前就已經存在了,在外送平台出現之前,大家會分別查看多張傳單,點冷麵、血腸、雞爪、辣燉鮟鱇魚等各式各樣的食

物，不過即使點的是不同餐點，常常也是由同一家店出餐外送，在店面裡設有多台電話，按餐點種類來接訂單電話。當前的情況也大同小異，隨著店中店設備的需求劇增，自然而然地冒出了很多專門經營店中店的業者。透過這樣的業者提供產品，不需要對既有的廚房進行再投資，就能最大化活用目前手上的資源，只要在外送平台上註冊品項，就可以增加營業額。

　　店中店業者的初期進駐費（加盟費、教育費等）平均落在 100 ～ 300 萬韓元左右，比業界的平均價格還要便宜，甚至有很多業者不需要繳納額外的進駐費用，只有提供產品，

店中店可以在外送平台的類別中註冊品項來增加營業額

所以擁有幾乎不需要初期費用的優勢。但是在為店中店新增產品的時候，有幾點事項一定要注意。首先，我們要檢視是否適合目前經營中的店面，有沒有辦法只用既有的爐台來烹調，是否需要油鍋，確保與現有菜單的烹調動線不會產生不協調的情況，利用這些標準來謹慎選擇產品。

其次是檢視人事費用，儘可能不要增加人手的情況。正如我前面所說的，店中店的經營宗旨是拉高「淨利潤」，因此我們要將固定成本的上升維持在最低限度，如果你目前有在經營店面，正在考慮採用店中店的話，可以先試著和員工溝通看看，雖然並非全部的人都是這樣，但是大部分的員工都不喜歡變化，也不喜歡因為營業額上升變得太忙、工作變得太多，所以在新增店中店的產品時，或許會有員工表示不滿，對於這一點，我們最好提前做好準備。

單獨創業

顧名思義，就是一個人進行所有的創業準備。通常是在共享廚房累積經驗後，帶著一定程度的自信獨立出來創業，或者具備一定的商業經驗，對於烹調食物或準備開業等店鋪經營方面沒有太大的問題，所以出來創業。不需要仰賴加盟連鎖，憑藉一己之力就足以穩定經營的人，就屬於這一種。

通常我們叫做「生意人」的那種，擁有屬於自己獨門技巧的人，或者獨立傾向較強、比起和連鎖店合作所帶來的加乘作用，更想要自己實現各種想法的人，單獨創業會比較有優勢。以共享廚房的情況來說，即使開店生意做得很好，大部分也不會獲得權利金的保障。但如果是獨立店面的話，既能夠根據經營成果獲得權利金的充分保障，也可以節省加盟連鎖店所需的加盟費、教育費等初期的開店成本。

然而，即使有長期經營餐飲業的經驗，如果是第一次在外送領域單獨創業，可能會不太熟悉整體的外送系統，比方說外送APP平台的管理、外送型商家的經營系統、對於顧客評論的管理、針對外送的行銷方法等。如果你對於這些部分感到有點困難，我就不會強力推薦你做外送產業。

連鎖加盟

如今可謂外送連鎖店的春秋戰國時代，在新冠疫情爆發以後，我們社會上保持距離的形態已經生活化，現在大家都習慣保持距離，也產生出人與人之間更加疏離的現象，專家預測這種趨勢在今後將會更加嚴重，因此甚至已出現在10坪左右的狹窄店面中，僅僅靠著外送銷售就創下1億韓元以上營業額的薄利多銷型外送連鎖店，還有些單人運作的連鎖店只請鐘點工讀生，就創下單月超過3,000萬韓元的營業額

如今可謂外送連鎖店的春秋戰國時代

和 1,000 萬韓元以上的淨收益。

　　連鎖店在全國任何一個店面，無論是系統還是口味，抑或是整體的包裝設計、行銷廣告，都有在不斷升級與宣傳，因此可以預期未來相較於一般獨立經營的普通店家和以店中店模式經營的店面，在競爭力上將逐漸出現差異。外送連鎖店已經出現超過好幾百家，開設加盟店的競爭也相當激烈，目前「外送創業」這個關鍵字在 NAVER[7] 廣告上每一次的點擊費用已經漲到了 15,000 ～ 20,000 韓元，仍然有 150 多家業者正在展開關鍵字的流量曝光競爭。

7　在韓國使用率最高，也最為普及的入口網站，相當於台灣常用的 Google 或 Yahoo 奇摩。

外送專賣連鎖店的平均加盟費大約落在300～700萬韓元，教育費為100～200萬韓元左右。雖然是連鎖店，但是與實體創業不同，由於外送產業的特性，不需要太在意室內裝潢和外觀，所以通常都會讓加盟主自行處理室內裝潢施工和廚房用具與設備的採購，室內裝潢的監督管理費用平均為200萬韓元左右，之所以會這麼低，也是出於同樣的原因。因此我會推薦連鎖店創業給餐飲歷練較少的新手，以及雖然已經是經驗豐富的老手，但還是想要透過合作獲得加乘作用的人。

共享廚房

指的是在一定時間內共享一個廚房，抑或是幾個使用者同時共用大型廚房的模式，持有廚房進行出租事業的也是共享廚房，以大型廚房培養F&B創業者的系統也可以視為共享廚房，韓國國內已經出現了「Kitchen Valley」、「幽靈廚房」（Ghost Kitchen）、「WECOOK」等多家新生企業。

共享廚房的優點是可以節省一定程度的裝潢施工成本，也能夠使用一部分的廚房設備，初期的投資成本相對上會比閒置店面還要低廉，只要有內用區域，就可以快速開始營業。雖然與現有的美食廣場形態相似，但共享廚房的優點就在於提供了最低限度的廚房設備，也能夠更有效地支援外送

共享廚房的優點之一是會提供最低限度的廚房用具

銷售系統。

共享廚房是適合有經驗的人測試新菜單或新品牌的創業方式，由於初期投資費用較低，所以月租和管理費等固定成本會比較高。另外，雖然有準備廚房用具和設備，然而若根據想要販售的菜單種類，常常會需要重新布置廚房或進行添購，再加上因為不是獨立店家，所以在未來結束營業或搬遷的時候，很難獲得設施和營業權利的保障，這些都是共享廚房的缺點。

Chapter 05

外送餐飲店的
營收結構計算公式

　　無論在哪個產業，業者都要對營收維持敏感度，唯有計算一個月的營業額，對比成本和淨收益，才能在經營管理上發揮靈活性，果斷地進行投資。營業額高並不代表收益就高，營業額低也不意味著收益一定很少，馬馬虎虎的會計方式會讓帳面「金玉其外，敗絮其中」而導致賠本收場，如果沒有提前根據成本費用和營業額詳細計算收益，就無法有效率地經營店面。

　　如〔圖表5-1〕所示，當 A 外送業者的總營業額為 2,400 萬韓元時，扣除變動成本和固定成本，剩下的就是淨收益。變動成本指的是食材、包裝容器、外送費、附加稅、信用卡

項目	金額	備註		固定成本明細		
營業額	24,118,130 韓元		→	租金	500,000	－
				人事成本	2,700,000	僱用1名員工
固定成本	5,052,980 韓元	總營業額的 21%		電費	98,570	
				瓦斯費	244,410	12個月的平均
食材費	10,129,602 韓元	總營業額的 42%		水費	20,000	
				淨水器	10,000	優良品牌
外送費（140件）	840,000 韓元	直接外送並行		網路/電視/電話	40,000	
				酒類/飲料	584,000	－
包裝容器等	278,000 韓元			稅務申報	70,000	－
				飲料食物處理	70,000	專用垃圾袋等
附加稅（±5）	400,000 韓元			外送企業加盟費	100,000	入會月費
				外送的民族	616,000	7個Ultra Call[8]
信用卡手續費	570,680 韓元	外部結算直接結算		合計	5,052,980	－
淨收益	6,846,871 韓元	總營業額的 28.3%				

（變動成本）

〔圖表5-1〕A外送業者的營收結構（單位：韓元）
變動成本的金額會根據營業額產生很大的變化，固定成本的方面，即使營業額有所變動，也不會受到太多的影響，而是固定支出一定的金額。

---

8 根據顧客的外送地址和店家設定的地址，能夠讓店家隨時曝光在「外送的民族」店家列表上的廣告功能。

手續費，會根據營業額的上升而增加。另一方面，固定成本指的是每個月支出的一定金額，包含人事成本、租金、電費、瓦斯費、水費、POS費用、淨水器、保險、網路、酒類、稅務申報、飲料食物的處理費用、外送企業加盟費、其他費用和廣告成本等等。只要從總營業額扣除變動成本和固定成本的總和，就能得出淨收益。

馬馬虎虎的會計方式會讓帳面「金玉其外，敗絮其中」而導致賠本收場

外送業者店鋪的實際營業額不是只有在「外送的民族」上的結帳金額，還包含現金結帳、外帶訂單和內用的顧客。如果再加上其他外送平台，實際上會比這張圖表還要更為複雜，這個計算公式是為了幫助企業理解而做出的假設。

在創業的時候，要知道至少要賣多少才能創造收益，至少要賣多少才不算虧，針對這個項目的計算，就是所謂的收支平衡點。

＊收支平衡點BEP：BREAK EVEN POINT：總營業額與總成本一致，不會產生任何損失或利潤的階段。

P：收支平衡點
S：固定成本（人事成本、管理費、租金、折舊成本）
G：變動成本（食材費、外送費、包裝容器、附加稅、信用卡手續費等）
K：總營業額

$$P = S \div \{1-(G \div K)\}$$

如果把這個公式套用到〔圖表5-1〕的店家

P：收支平衡點

S：固定成本 → 505萬韓元

G：變動成本 → 1,220萬韓元

K：總營業額 → 2,400萬韓元

收支平衡點 = 505萬韓元÷{1-(1,220萬韓元÷2,400萬

韓元)}

= 1,026萬韓元

* 505÷(1-0.508) = 1,026

也就是說，1,026萬韓元是這家店的收支平衡點

那麼如果想要超過收支平衡點，一個月要接到多少件訂

單呢？

A外送店鋪

收支平衡點：每個月 10,260,000 韓元

單筆交易平均值：25,000 韓元

外送費：1,000 韓元

收支平衡點訂單數計算方式

收支平衡點營業額÷交易單價（包含外送費）

10,260,000韓元÷26,000韓元＝394件

＊單月外送件數

＊除以一個月30天的話就是每天13件

A店舖最低一天只要接到13件以上的訂單，就會產生利潤，但是如果有公休日的話，就要再提高每天的外送件數。

	項目	金額（韓元）	備註
營業額	訂單金額	25,000	—
	外送費	1,000	—
	合計（a）	26,000	—
支出	食材費＋包裝材料	9,620	營業額的37%
	外送費	4,000	—
	行銷成本	1,000	營業額的5～10%
	合計（b）	14,620	營業額的56%
淨收益	a - b	11,380	交易金額的43%

〔圖表5-2〕以「外送的民族」為標準單筆外送的淨收益計算方式
（單位：韓元）

　　如〔圖表5-2〕所示，每件訂單的營業額為25,000韓元，加上顧客收到時給的1,000韓元外送費，一次的總營業額為26,000韓元，假設成本率（食材費和包裝成本）占營業額的37%，就要扣除9,620韓元、外送成本4,000韓元、行銷成本（「外送的民族」插旗[9]費用＋手續費）1,000韓元，將產生11,380韓元的利潤，大約43%的收益率。以外送的營業額來說，35～40%的收益率是業界平均的水準，所以43%這個數字可以說是不錯的比例了，再扣除固定成本，就是實際的淨收益。假設同時也做直接外送，收益率會再更高，在距離很近或不忙的時段，直接外送會比較有利。

---

9 只要每個月向外送平台繳納一定費用，就可以在特定區域插上旗幟來增加對消費者的曝光。

Chapter 06

外送創業的
劣勢條件VS. 優勢條件

　　有人會問「有沒有哪種人是在外送創業上比較占優勢的？」面對這個問題，我無法輕易給出一個答案，但是根據我觀察韓國創業市場超過10年的結果，市場上是有一些變化和趨勢，有人就是可以適應那個時代並且取得成功。如果是想要做外送創業，我希望你一定要讀完這本書再好好考慮。在了解外送創業的優勢條件之前，我想先談談那些沒能在外送市場上取得好結果的人。

副業or以投資為目的創業的人

　　由於幾乎沒有直接與顧客接觸的機會，所以想要經營外送型商家的人常常會覺得不需要做什麼特別的服務。也有

些準備創業的人，只要有不錯的項目，就會以較少的投資金額來創業，僱用一兩個員工，期望透過自動化經營來獲取固定收益。雖然不能說全部，但是大部分具有這種想法的創業者，最後都沒辦法取得好的結果。

正是因為外送不會直接與顧客接觸，所以比內用店家需要注意更多的服務細節。如果通通交給員工，即使餐點容器沾到食物殘渣，員工可能也不會多加注意直接出餐，或者在包裝時漏掉筷子或留言服務的貨單等等，這些情況都可能成為家常便飯。

外送創業不像實體的內用店面一樣人山人海，充滿活力的氛圍，頂多偶爾和為了拿餐點走進店裡的外送員聊天。也許正是如此，很難找到聰明又精力充沛的員工，只要老闆不在店裡，烹調系統就會逐漸變質，最終味道也會變得一團糟。如果沒有人像內用店家一樣仔細注意，而且老闆不在現場，缺失也不會立刻被發現。舉例來說，假設飯煮得半生不熟，如果是內用店家的話，顧客可以直接把服務生或負責人叫來表達不滿，店員也可以可以當場採取新上一份餐點等應對措施。但是如果是外送的話，情況就不同了，雖然也有顧客會在顧客評論區表達不滿，但是顧客通常都不會表達不滿，只會選擇不再購買同一家的餐點。從消費者的立場來看，這個問題其實很簡單，如果等了一個小時拿到的餐點有

問題，往後就絕對不會在這家店訂餐了。

因此，如果是以副業來考慮外送創業，我會希望你可以好好考慮上述幾點，不可以抱著「只要晚上下班後稍微看一下店面就好了」，或者「一邊做其他事業一邊以投資為目的來經營就好了」這種輕率的態度來出發，因為唯有與同樣以這行維生的人競爭，並且從中取得勝利，才能夠生存下來，創業失敗往往都是有原因的。

高齡創業

只要在外送型店面工作過一天就會知道，電腦、筆電、POS 系統、外送平台公司的系統管理、顧客地址明細的管理等等，需要注重數位處理的業務比想像中還要多，而且常常堆積如山。雖然這麼說不太好，但如果是比較年長的人，往往從明細開始就會出現問題。以內用店家來說，只要照著 POS 系統上大大顯示出來的餐點資訊來出餐就好，但是外送型商家除了餐點資訊以外，還會記載包含顧客地址在內的許多資訊，所以每次接到訂單的時候，都必須在電腦上確認明細上的資訊，可是有一定年紀的人視力大都不太好，如果重複這個過程，很快就會感到疲憊不堪。然而，這只不過是開始而已，一旦決定要做外送創業，實際上要做的事情堆得跟山一樣高：依照每家外送業者的要求上傳菜單照片和價格、

熟悉使用方式、建立與顧客的關係、與外送承包業者開會等等，這些工作往往很難立刻上手。不僅如此，每個系統都要重新學習使用方式，在適應以前免不了得要吃足一番苦頭。

光是「外送的民族」這個平台，無論是註冊業者、上傳照片、菜單說明、設計留言活動、輸入店家資訊和頁面設計，這些都很辛苦，再加上「Yogiyo」、「Coupang Eats」和各種地方政府自製的APP，每一個平台都必須花費一番功夫，也有人覺得太麻煩、太困難了，乾脆只經營「外送的民族」一個平台。

另一方面，我們也要善待外送員，他們雖然幫我們送餐，但是他們服務的其實不是自己的顧客，而是我們的顧

只要外送員能夠多用心送餐給顧客，店家的評價就會提升

客。一旦外送員出包，最終影響的是我們的店，只要外送員能夠多用心送餐給顧客，店家的評價就會提升。但是偶爾有些比較年長的創業者，會像對待下屬一樣來對待外送員，如此一來，外送員可能漸漸地就不會想接這家店的訂單，或者在送餐的時候對顧客的態度不佳，我們一定要注意，千萬不可以讓這種事情發生。

擁有經營內用店家經驗的自營業者

有內用店家經驗的人在做外送創業的時候往往分為兩類，要麼新開一家外送型店面，要麼就是在現有店面裡新增店中店。

新冠疫情的爆發，導致零接觸社會急遽來臨，也造成目前實體店面的自營業者紛紛陷入了手足無措的情況，其中手腳比較快的，一下子就新開了外送型商家，早早站穩腳跟，用從中獲取的收益來彌補原本內用店面的赤字，也有很多人在赤字的壓力下被迫開始做店中店外送，就是希望能夠稍微補貼一點店面租金，然而，要是光聽一聽身邊幾個人的意見，沒有任何學習與準備，僅僅受到危機感的驅使，就盲目地開始做店中店，很少可以透過外送創業來取得好結果。

出於某些原因，外送型商家往往存在銷量的玻璃天花板，收益率有限，假設人事費等固定成本不會太高、具備自

助系統的内用型店面，以及專做外送的店面營業額相同，那麼外送型商家的固定成本會高上許多，結果只有外送平台業者和外送承包業者賺到錢，怎麼會這樣呢？可惜的是，在某些情況下，這就是事實。很多擁有自營業者經驗的人，在經營了幾個月的外送型店面後，不僅營業額沒有想像中成長得那麼快，而且會覺得根本沒有盈餘，所以很輕易地就放棄了，這是因為他們不知道，兩者的收支平衡點是不一樣的。

外送生意必須投資努力和時間鑽研能夠帶給顧客感動的方法，還需要具備等待的毅力

　　外送型商家沒有肉眼可見的店面和形態，所以跟內用型店面不同，並沒有所謂的「開店黃金期」，如果不累積按讚數和回饋等評價，就沒辦法輕易提升營業額，所以至少需要3個月的時間，用良好的服務維持品質，營業額才會開始逐漸成長。要在現有內用店面新增外送服務，不是單純地新增店中店的產品，而是應該加入另一個網路（平台）銷售產業的概念來經營，否則光是新增一些產品，註冊在外送平台上，不去理解外送平台獨有的推廣方式，抱著等柿子樹上的柿子自己掉下來這種心情，癡癡地等訂單送上門來，那就真是大錯特錯了。我們應該學習關於外送的知識，也必須投資時間和努力鑽研能夠帶給顧客感動的方法，還需要具備等待的毅力。

　　好，接下來讓我們反過來介紹一下在外送創業上比較占優勢的人。

利用外送連鎖店第一次挑戰創業的新手創業者

　　對於沒有經驗的新手創業者來說，透過獨立店面創業成功的機會非常小，因為在沒有確保顧客的情況下，就很難做好宣傳，也很難鞏固商家的地位，甚至不知道該怎麼根據各種顧客的喜好，來做出任何人都會給予好評的料理，所以此時尋求連鎖加盟會是相對有利的選擇。如果和經營方向明確

的總公司合作，自己也有努力的決心，就可以比一般既存的自營業者站在更有利的位置來開啟這門生意。

新手創業者在店面經營這方面就是一張白紙，所以要遵照總公司的技巧和系統來做。內用銷售和外送銷售雖然都是以「販賣餐點」為目的，但是被顧客選中的過程，以及吸引顧客的方式天差地遠。加盟連鎖店雖然可以讓新手創業者立即掌握兩種銷售概念，不會有先入為主的觀念，並且輕鬆執行，但還是必須考慮到加盟費和宣傳行銷的成本，畢竟創業的初期成本比獨立店面要來得高上許多，負擔也會比較大。即使營業額沒有立刻有所起色，也要對每天增加的幾件訂單表示感謝，並且下定決心加倍努力，正如同「天助自助者」這句話說的，沒有任何人能夠擊敗一個願意努力的人。

女性創業者

因為外送不直接跟顧客接觸，所以實務上應該更仔細做好管理。需要準備好的東西遠比我們想像中還要多很多，貼圖、各種訊息和回覆也要做得親切有趣會比較占優勢。

範例 1. 謝謝您的訂購，請好好享用。

範例 2. 食物有沒有涼掉呢？希望您吃得開心～下次也要
訂我們家的東西歐～希望您有美好的一天～！^^

　　站在顧客的角度來說，比起 1 號那種官方的客套話，看
到飽含真誠與溫暖的 2 號句子更讓人開心。寫在留言區下方
的回覆也是一樣，如果是顧客看了會感到開心的內容，反
應就會更好，要寫得讓顧客覺得自己備受禮遇，才能夠提升
好感。當然，回覆的語氣和語感不會因為男女而有太大的差
異，但是從事外送產業的自營業者中，女性創業者在管理方
面通常較為優秀是事實，不過即使是男性創業者，只要個性
細心，能夠照顧到微小細節的人，一樣能夠在外送創業上取
得優勢。

　　以上我們分別針對在外送創業中成功率低的人和成功率
高的人進行了說明，不過這只是代表機率上是如此，而不是
固定的公式或標準答案。只要考慮到自己的弱點，加倍努力
經營，抱著真誠的心來服務顧客，想必一定會收穫成功，這
點適用於任何行業。

Chapter 07

分門別類整理
外送產品

　　「外送的民族」、「Yogiyo」、「Coupang Eats」、「外送特急」等新興的外送平台接二連三出現，但是領頭羊依然還是「外送的民族」，今後不出意外的話，外送平台也不會發生太大的變化，所以我們可以像〔圖片7-1〕一樣，依據「外送的民族」來整理外送平台內的產品類別，畢竟其他平台也是大同小異。

韓式料理

湯飯、冷麵、烤五花肉、蔘雞湯、章蝦腸、泡菜鍋、血腸湯、辣炒雞湯、解酒湯、辣炒小章魚、大麥飯、蓋飯、部隊鍋、刀削麵、泥鰍湯、粥、辣炒雞、黃太魚、解酒湯

〔圖片7-1〕外送平台內的類別（外送的民族）

> 涮涮鍋、豆芽湯飯、香辣牛肉湯、生菜包肉、醬油螃蟹、
> 滋滋鍋、越南米線、生拌牛肉、辣炒豬肉、燉雞、泡菜炒
> 豬肉、紫菜包飯、泡菜燉肉、烤腸、烤魚、咖哩、燉明太
> 魚、醬燒乾明太魚、燉排骨等

　　以上的韓式料理這個類別和炸雞一樣，都是競爭很激烈
的類別，競爭激烈也代表著這些食物深受顧客的喜愛。

韓式料理是未來成長可能性很大的外送餐點

　　據推測，隨著單人家庭的增加和外送餐點的日常化等因素，韓式料理的需求將會進一步增加，畢竟這些食物一直以來都是韓國人的主食。在剛出現外送平台時，大部分悲觀的輿論都認為，像泡菜鍋這種家庭料理怎麼可能叫外送？但是現在呢？就拿身邊的情況來說，每個月點20次以上外送的3人、4人家庭也不在少數，他們都異口同聲地說，比起在超市買菜煮飯，吃不完還會產生浪費，用外送即時吃到想吃的食物，收拾起來也更輕鬆。因此，作為主食的韓式料理是今後成長潛力非常大的外送餐點。

小吃

辣炒年糕、冷麵、紫菜包飯、雞肉串、魚糕、餃子、辣炒
年糕麵、拉麵炒年糕、血腸等

　　與前面韓式料理的類別相比，品項實在是少到沒辦法競
爭，不過要是想用一句話來定義小吃這個類別，那就是「辣
炒年糕連鎖店的戰場」。辣炒年糕已經不是我們在放學路上
會順路買來吃的那種3,000韓元的辣炒年糕，外送辣炒年糕
的單品售價平均落在12,000韓元，如果是套餐的話，很多
甚至超過20,000韓元，另外最近很流行的牛肥腸炒年糕，
售價更是在25,000韓元以上。

以相對較低的烹調強度而言，辣炒年糕屬於客單價較高的品項

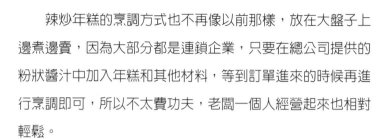

　　辣炒年糕的烹調方式也不再像以前那樣，放在大盤子上邊煮邊賣，因為大部分都是連鎖企業，只要在總公司提供的粉狀醬汁中加入年糕和其他材料，等到訂單進來的時候再進行烹調即可，所以不太費功夫，老闆一個人經營起來也相對輕鬆。

　　辣炒年糕由於較低的烹調強度以及相對較高的客單價，光是老闆一個人就能夠輕鬆完成高達100萬韓元左右的訂單，從小吃類別裡的店家種類來看，辣炒年糕業者多如牛毛，十分競爭，要說這個類別是「辣炒年糕」而非「小吃」也不過。紫菜包飯和雞肉串在烹飪過程中，不僅持續需要人手來製作，客單價低和有限的訂購時間（紫菜包飯：用餐時段、雞肉串：從晚上到深夜），很難透過外送來提高營業額，因此與其以單一產品來競爭，我會建議不如與客單價高、煮或炸等比較不費事的產品結合並行販賣。如果你想要以小吃類別的產品來展開加盟創業的話，就應該好好篩選開業後會持續努力發展的連鎖店總公司，而不是缺乏管理的物流銷售式總公司。

咖啡、甜點

> 咖啡、奶茶、沙拉、三明治、糕點、冰淇淋、刨冰、甜甜圈、鬆餅、鮮果汁、烤地瓜、優格、年糕、珍珠奶茶等

　　與小吃類別相反，這是獨立店家會投入宣傳的類別，雖然也有巴黎貝甜（PARIS BAGUETTE）[10]等大型連鎖加盟店入駐，但由於每個社區都有一個近在咫尺的店面，反而很少有客人會願意付外送費訂來吃。因此，透過質和量來一決勝負的獨立咖啡、獨立糕點店，就會試圖用屬於自己的祕訣研發出來的口味，抑或是突出的創意來參與競爭，除了外送費以外，由於是屬於客單價較低的類別，所以收益可能會沒有想像中高，這一點必須多加注意。對於獨立業者來說，成本很難精打細算，有時候雖然賣出很多，但是利潤卻沒有多少，其實原因就在於此。當單價設定錯誤時，如果想要調高單價，就會擔心營業額下滑，很難下定決心上調價格。因此，我們在初始階段就需要進行全面的計算，好好檢視提高客單價的方案，以及成本率和銷量、營業額的比例。因為是標榜獨立經營的產業，所以必須擬定好對顧客宣傳的戰略，才能夠存活下來。

---

10 韓國大型連鎖烘焙品牌，主要經營法式麵包、三明治、蛋糕、咖啡等產品。

日式料理

炸豬排、生肉片、生魚片、壽司、生拌牛肉、冷麵、鮪魚、
螃蟹、蓋飯、咖哩等

　　這個類別的店家除了部分的大型連鎖店以外，都具有強
烈的獨立店面特質，獨立經營的店面之所以會這麼多，一方
面是因為食材很難實現One pack[11]和HMR[12]化，另一方面
因為食材主要都是魚、精肉和海鮮等以新鮮度為賣點的「生
物」，所以不容易流通。烹調過程也是時時刻刻都需要人手
來處理，所以不太輕鬆。相反地，以炸豬排來說，在市場上
很容易買到性價比高的成品，只要有自己的食譜，就可以輕
鬆烹調，難度不是很高，所以入行門檻較低，獨立創業並非
難事。從入駐這個類別的企業來看，除了部分炸豬排品牌以
外，大部分都是陌生的獨立業者，具備經驗和實力的老闆經
營的店家比例遠比其他類別更高。

---

11 作者註：指的是把材料全部收集好，包裝在一個袋子裡，即使是一個人也能夠輕鬆完
　　成烹調的狀態。

12 作者註：Home Meal Replacement（家庭取代餐）每個單字的第一個字母組合而成的
　　專有名詞，屬於一種快餐（即食食品），由於食物的材料已經過處理，在一定程度的烹
　　調狀態下完成加工與包裝，所以只要再進行加熱或煮沸等單純的烹調過程，餐點就大
　　功告成。

炸雞、披薩

炸雞和披薩如果不是連鎖加盟店，通常很難獲得顧客的青睞，如果是獨立經營又有名氣的店家，大都是在當地以良好的服務累積一定的口碑，已經培養出一票常客的餐廳，不然就是在外廣受好評的知名廚師親自經營或作為分店開設的商家。

這類品項的好處在於較低的食材成本率和簡單的烹調過程，除了部分手工披薩以外，通常大部分的環節都不需要太多人力，人事成本的比重也會比其他類別來得低，因此這也是許多新手創業者比較容易入門的類別；壞處是在這個類別中競爭的店家很多，要是沒有精心設計菜單，很容易受到低客單價的影響導致利潤匱乏，所以一定要做好準備。如果你

經營炸雞和披薩如果不是連鎖企業的話，就很難獲得顧客的青睞

是準備做炸雞和披薩的新手創業者，就像上面提到的辣炒年糕一樣，我會建議尋求連鎖企業的幫助來創業。

亞洲料理、西餐

義大利麵、牛排、米線、墨西哥料理、印度料理、泰式料理等

從訂單累計數量來看，「義大利麵」這個品項占了壓倒性的優勢，比較內用型店面和外送型商家，使用生麵的既有內用販售型態的義大利麵業者，營業額多少有些低迷，相反地，外送市場的義大利麵項目的營業額正在迅速上升，韓國「沉迷於抓飯」等暢銷的義大利麵品牌也因此陸續登場。

義大利麵已經像隨時隨地都唾手可得的普通食物般，逐漸成為了大眾化的餐點

反過來說,米線、墨西哥料理、印度料理、泰式料理在外送方面的銷售率還比較低,原因在於如果不是狂熱愛好者,顧客通常還會注重用餐的場所和氛圍,而從義大利麵在外送平台上的販售量來看,義大利麵已經像隨時隨地都唾手可得的普通食物般,逐漸成為大眾化的餐點。販售量高、高利潤的外送義大利麵商家,雖然稍微比現存內用店家販售的平均價格便宜,用9,000 ～ 10,000韓元的價格販售,但是量卻多出1.2 ～ 1.5倍,顧客的滿意度也很高,不過外送義大利麵屬於客單價較低的餐點,所以要好好充實菜單的組合。從訂單件數來看,收支平衡點相對較高,只能以薄利多銷的方式勤加販售才能產生淨利潤,我們必須記住這一點,並且仔細做好準備。

中餐

> 炸醬麵、炒碼麵、麻辣燙、羊肉串、糖醋肉、涼拌兩張皮等

對於新創企業來說,這是可接近性較差的類別,對於中餐來說,無論流程的標準化程度多高,口味也很容易根據火候或廚師的功力而有所變化,所以一般的創業者或連鎖店很

難經營這一塊商機。每個社區都會有一兩間深受喜愛的中餐店，顧客也鮮少會轉移至新開的店家，因此對於第一次準備創業的人來說，並不是一個很有魅力的領域。不過最近也出現了麻辣燙、糖醋肉專賣店等連鎖業者，如果是這種相對能夠標準化的產品，還是值得挑戰創業的。

豬腳、生菜包肉

豬腳和生菜包肉這個類別主要的販售時段是在晚上，所以營業時間最好要長一點，最近豬腳連鎖店除了推出單人套餐，還將韓國國產豬腳以2萬韓元出頭的價格薄利多銷，針對小規模家庭展開了激烈的競爭。與中餐一樣，有長期在社區扎根的優秀店家，在與各種知名連鎖店的競爭中也取得了不錯的成果。

宵夜

牛肥腸、辣炒小章魚、雞爪、烤串店、啤酒、煎餅、鱒魚、生拌牛肉、鴨肉燒烤、豬肥腸、辣燉安康魚、燉排骨、燉雞、烤五花肉、烤排骨、麻辣燙、烤蛤蜊、紅魚料理、馬鈴薯排骨湯等

　　宵夜類別的店家接到訂單的時間主要集中在晚上到凌晨，所以營業時間至少要保持到凌晨2點30分左右，雖然夜晚的生意不好做，但是只要比其他營業場所多營業一兩個小時，帶來的效果往往會比想像中還要巨大，很多實體店面在結束營業後，會故意不關招牌燈光就下班，就是為了利用燈光亮著的時間來讓附近居民意識到店家的存在。同樣地，在外送平台上，如果競爭對手都打烊了，營業中的店家就會格外醒目，此時只要多接到一兩件訂單，做出讓人滿意的口味和服務，顧客就會在下午和傍晚回購。由於這種特性，也有店家集中火力搶攻凌晨時間段，鑑於近期夜間工作的職業有日益增加的趨勢，這麼做可以確保更多固定的顧客群，所以才會集中在24小時中競爭相對不激烈的時間段營業。

經營宵夜要盡量延長營業時間，保持吸引夜間顧客的戰略

　　然而，完全仰賴外送承包業者的店家，必然會受到外送員下班的影響，因此得要另外找外送員或親自送貨，雖然可能比不上集中在凌晨營業或24小時營業的店家，但是最好還是盡量延長營業時間，保持吸引夜間顧客的戰略，才能夠把握小眾顧客，我希望各位能夠作為參考。

燉菜、湯品

> 辣燉雞、泡菜燉肉、燉雞、韓式一隻雞、部隊鍋、燉牛排骨、燉明太魚、辣燉安康魚、章蝦腸、辣雞湯等

　　燉菜、湯品類別的店家，通常都是賣韓國人比較熟悉的餐點，1個人訂餐的情況較少，大部分是2～3人以上的顧客來訂購，所以平均客單價的營業額也相對較高。

　　由於主要食材或食譜已經完成標準化，烹調系統很單純，烹調的難易度也比較簡單，新手創業者進入的門檻相對較低，是持續有很多人投入創業的類別。因為幾乎所有菜都已經事先煮過或炸過，不需要人手來一一製作，所以除了特殊情況以外，人事成本的比例並不會太高。在這個類別中，連鎖企業的競爭也越來越激烈，已經出現超過500家的大型連鎖店，不過目前還沒有特別受到大眾喜愛的品牌，所以非常值得新手創業者嘗試。

速食

漢堡、牛排、沙拉、吐司、三明治、熱狗等

這個類別已經有「麥當勞」、「儂特利」、「MOM's TOUCH」、「漢堡王」、「VIPS」、「SUBWAY」、「Isaac Toast」等品牌，就連中小規模的連鎖店都很難與之競爭，所以個人創業者想要打入市場更是難上加難，如果不仰賴大型連鎖店創業，就很難生存下去。

素食

沙拉、豆腐、義大利麵等

這個類別主要都是被稱為健康餐的食物，偶爾也會有兼賣沙拉的義大利麵店。這是最近 Beta 版結束測試後才出現的類別，競爭還不是很激烈，是因應現代人追求永續健康的需求而誕生的，所以未來成長的可能性非常大，預計今後個人創業者和各種連鎖企業將會展開激烈的競爭。

Chapter 08

外送平台市場的
新興強者

2020年，當我在準備外送創業時，韓國還沒有任何一本書可以讓大家輕鬆了解外送市場，我輾轉多家書店，在網路上搜尋了半天，都沒有找到。明明市場規模正在擴張，可竟然還沒有任何一本書探討與此相關的商業現象、市場結構、市場需求等項目，這就是我寫這本書的動機。

為了幫助想要在外送市場創業的人，我已經寫了超過一年的文章，在這段期間，還發生了更多的變化，有專家預測，接下來經過新冠疫情，外送市場絕對不會萎縮，反而會深深打入消費者，不過也有人說，在新冠疫情過去之後，很多外送型商家將會陷入經營困難，任何人都不知道什麼才是對的，但可以肯定的是，無論市場形勢如何變化，只要是堅

持不懈地研究、不斷隨之改進的人，終將收穫成功。

「Coupang Eats」是電商企業「Coupang」推出的餐點外送服務，「Coupang」的總公司是100%美資的「Coupang LLC」，「Coupang」最大的特點就是每年都承受著巨大的赤字，自2010年成立以來從來沒有盈餘，但是正如〔圖表8-1〕所看到的，預期終於能在2021年轉虧為盈。被大家認為是「Coupang」參考對象的「Amazon.com」也是虧損了好幾年，才達到目前穩定盈利的經營狀態。2021年在紐約證券交易所 **NYSE** 上市的「Coupang」公司價值約為33兆韓元，預計接下來將會擁有更龐大的資金實力，與此同時，「Coupang」推出的外送平台「Coupang Eats」在今後也更值得期待了。

誰也沒想到2021年「Coupang Eats」會如此迅速地趕上「外送的民族」和「Yogiyo」的市占率，它最大的優點就在於配送速度快。我原本也只有在熟悉的「外送的民族」上訂餐，但是自從2021以後，我就改在「Coupang Eats」上訂了。當然，在訂餐以前，我會先比較一下「外送的民族」和「Coupang Eats」上同一家店的菜單價格。

「餐點價格相同。」

現在就沒有理由執著於「外送的民族」了。果不其然，在江南、新林等韓國最繁榮的外送商圈裡，就已經可以聽到有人說「Coupang Eats」的營業額超過了「外送的民族」。實際上以新林直營店來說，在短短幾個月之內，「Coupang Eats」的營業額比「外送的民族」高的日子一直在增加。有鑑於此，「Coupang Eats」正準備在2021年把服務擴展到全韓國大部分地區。

目前「Coupang Eats」的營業人員正在接受全韓國的加盟申請，但或許不會像「外送的民族」和「Yogiyo」那樣積極拓展加盟店，所以如果是正在看這本書的業者，不如現

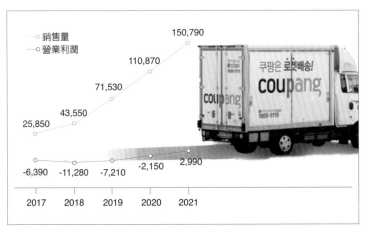

〔圖表8-1〕Coupang歷年業績趨勢（單位：億韓元）

1月	大邱市、光州市
2月	慶尚道（金海、馬山、昌原、巨濟等）
3月	忠清道（清州、天安、論山等）
4月	－江原道（江陵、原州、春川等） －全羅道（光陽、順天、木浦、全州、麗水等） －濟州島

「Coupang Eats」正在向全韓國擴張的服務地區

在就趕快申請加盟。快速配送是一種能夠明顯展現差異化的
策略，畢竟訂了餐點的消費者總是不想要等太久。

隨著消費者對於快速配送和低廉外送費的需求，外送
市場的趨勢也正在產生變化，而引領這種市場變化的，正是
「Coupang Eats」的「獵豹配送」系統。

「Coupang Eats」加盟申請廣告

　　「獵豹配送」系統會根據經營狀況把業者分為1至3的等級。如果拿到3級，4公里內的外送費就固定在5,000韓元，如果使用代理外送，6,500韓元以上的外送費就可以減少1,500韓元。為了降低成本，業者會儘可能提高等級，接著努力維持在3級。不管外送半徑有多大，外送費都是一樣的，只要店家與「Coupang Eats」基本方針相符，營業額就會持續上升。

「Coupang Eats」引領市場變化的「獵豹配送」系統

「Coupang Eats」提高等級的方式基本上與其他外送公司相似，但至於具體上是採用什麼方式來提高等級，只能夠靠推測，畢竟外送公司為了不讓加盟業者之間產生矛盾，通常不會詳細公開等級的計算方式。

顧客評分

正如同「外送的民族」，在「Coupang Eats」上，顧客評分的管理也很重要。對於一家外送餐飲店來說，想要提升顧客評分，口味是必備且最基本的，再來服務也很重要，所以在包裝時得要多加用心，仔細檢查有沒有不小心遺漏的商品（尤其是飲料和免洗餐具）。除此之外，仔細確認並且一一回應顧客的要求，也是非常重要的。

「獵豹配送」系統會根據經營狀況把業者分為1至3的等級

烹調時間

如果想要達到3級，大部分餐點都必須在30～40分鐘之內送達，為了做到這一點，就應該在5分鐘之內完成烹調，並在7～8分鐘之內完成包裝，才能夠獲得優勢，相反地，如果販賣需要太長烹調時間的產品，就很難獲得好的等級。總而言之，只要烹調時間越短，可以觸及的顧客就會越多。

烹調時間的準確度

這是我當初和「Coupang Eats」員工談話時聽到的，無條件加快烹調時間也不見得是件好事，比起快慢，在合理的烹調時間內準確出餐，才是有效提升等級的關鍵。

收單時間

只要加快收單時間，就可以獲得更多的顧客曝光，取消件數也會減少。最好在15～17秒之內為宜，以目前的「Coupang Eats」系統來說，具備競爭力的店家有以下的特點。

- 5分鐘就能完成烹調，7分鐘就能完成包裝的店家
- 因為客單價高，所以即使要支付手續費，也能夠獲取利潤的店家

・就算把價格提高2～3,000韓元，依然能夠獲得顧客青
睞的店家

這些店家的排名將會持續往前，營業額也會呈現上升
趨勢，雖然目前在首爾以外的地區還沒能取得太好的結果，
但是只要消費者因為優惠券或行銷活動使用了「Coupang
Eats」，有做好準備的店家就會隨之發展起來，倘若準備不
足，就會在排名上落後，或者在販售上陷入苦戰。

Chapter 09

共享廚房系統

　　近來廣受新聞和媒體介紹的「共享廚房」，如今已非讓人感到陌生的詞彙，但是如果問準備創業的人知不知道共享廚房，很多人往往沒有把握能夠正確回答，大家會說雖然對於是什麼樣的系統有粗略的概念，但是確切來說又不太清楚，只知道是讓很多人共同使用一間廚房。這樣的理解是對的，但又不能算全對。那麼接下來就讓我們具體了解一下共享廚房吧！

共享廚房的概念

- 獲得許可的業者租用場地任意分用的廚房。
- 各自烹調自家的餐點後進行外送。

共享廚房的優點

- 初期費用比單獨承租場地低。
- 不需要獨立進行商圈分析。
- 除了保證金以外很少有其他成本，所以投資本金回收速度很快。
- 各種火災、防疫、通訊費等成本無需另行管理。

共享廚房的缺點

- 月租比一般店面高。
- 因為實際使用空間小，所以很難發展到一定規模以上。
- 由於和其他業者共同使用，所以如果初期接不到訂單，在與其他業者的比較下，精神上容易產生壓力。
- 有保證金，也存在相應的契約期間（保證金損失的風險）。

共享廚房的基本進駐流程

- 分店訪問會議
- 合約簽訂與訂金匯款入帳
- 衛生教育結業及保健證發放
- 營業申報證及營業執照核發（需要2天）

- 3家外送公司與外送承包業者契約（需要10～15天）
- 確定營運開始日期及文件繳交（需要1天）
- 開始營運

選擇共享廚房業者時需要考慮的地方

- **商圈分析**：在進駐共享廚房的業者中，分析它們的商圈和地段，同時考慮到摩托車的接近性，如果不是自己要開共享廚房，比起分析商圈或人口數，透過進駐業者的銷售分析來設定今後的目標更為妥當。

- **租金減免促銷活動**：大部分共享廚房業者都會進行免除2個月的租金、50％減免、50萬韓元減免等促銷活動，每個業者在每個季度、每個月都會推出不同的方案，所以一定要仔細比較。

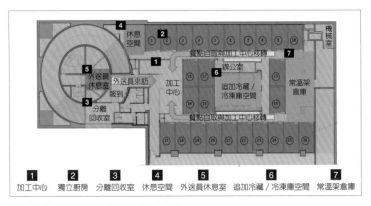

以最佳動線實現高效運作的基礎設施

- **是否提供廚房用具**：除了廚房設備以外，也要檢視業者最多可以提供多少用具。
- 廚房的清潔狀態與設備管理檢查
- 送貨員配對系統
- 垃圾處理方式
- 是否有會對經營狀況給予實質性的分析與幫助的經理人及系統

　　正如我前面提到的，進駐共享廚房的創業方式風險較低，如果你符合以下幾種情況，我會推薦你透過共享廚房創業。

- 經驗不足的新手創業者（風險最小化）
- 對產品有信心，但是缺乏創業資金
- 對產品或品牌沒有信心，需要進行初期測試

　　目前，有數十家的共享廚房業者在招募願意進駐的創業者和品牌，雖然這些業者看起來都對願意進駐的創業者提出優渥的條件，不過他們終究也只是透過共享廚房來獲利的公司，所以也不是無條件站在創業者這一邊，這點我們必須多加注意。

PART 02

用小資本
瞄準大利潤

在準備餐廳創業時，往往會遇到的第一個難題就是資金，如果把設備費、後備資金、租金和閒置資金加在一起，就會知道這需要投入一大筆錢。尤其如果想要讓顧客可以坐著吃東西，就需要確保一定規模以上的空間，那麼租金必然會成為很大的負擔，而小型外送商家或許可以不用擔心這麼多，因為除了廚房以外需要的空間很少，可以從地下室或核心商圈的巷子出發，所以只要經營狀況好，就能用少少的資金來獲取龐大的利潤，外送專賣餐廳的營業額和收益具有無限的潛力。

Chapter 01

準備好耐心之盾
與誠意之窗

　　首先，如果是準備開外送餐廳的人，至少要有4,000萬韓元以上的資金，當月租和保證金等固定成本低廉、轉讓的店家設備與你想做的菜單完全吻合，又或者可以單獨經營不需要新增人事成本時，初期的創業成本或許能夠減少，不過由於外送型商家的特性，在開業的第一個月往往很難產生收益，考慮到要加上至少能經營2～3個月所需的閒置資金，我們更應該準備充分的創業資金。

　　外送專賣餐飲店創業的成本並不低，所以如果想要盡快回收創業成本，甚至是獲得利潤，就需要相對應的心態和實務上的學習。

首先，外送餐廳的營業額並不會一夕暴漲，營業額或許會日漸提高，但不會總是朝右上方向走，每個月都可能會反覆上升和下降，不過整體而言，圖表還是會朝著右上方向攀升。

因此，相較於能看到顧客出入的店家，老闆在心態上往往比較不容易維持，畢竟無論有多努力，也不會馬上看到成果，直到步上正軌為止，往往需要耐心等待，與直接面對顧客的內用店家相比，耐心和專注力很有可能就會在其中被消磨殆盡。有時候受到天氣、淡旺季、社會潮流的影響，營業額的漲跌幅度很大，在經歷這個過程的同時，還要持續獲得顧客的青睞，以及正面的顧客回饋，才能夠留住客人並且累積常客，這就是外送型商家的特點。

〔創業＋耐心＝成功〕

這是不變的法則，雖然所有行業都一樣，但是我認為尤其適用於外送專賣餐飲店。如果剛開始就備受大家關注，賣得太順利，往往容易出現看不見的失誤，畢竟萬一烹調過程不成熟，導致餐點的品質和味道下滑，就會立刻出現負面評價。不如在熱賣以前盡力完成每一件訂單，縱使必須花上更長的時間，也可以在熟練的過程中與顧客建立良好的關係，

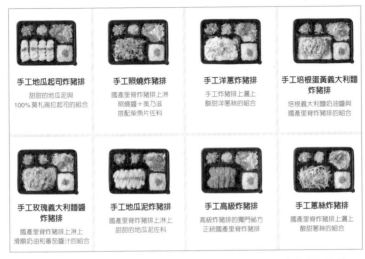

手工地瓜起司炸豬排	**手工照燒炸豬排**	**手工洋蔥炸豬排**	**手工培根蛋黃義大利麵炸豬排**
甜甜的地瓜泥與100%莫札瑞拉起司的組合	國產里脊炸豬排上淋照燒醬＋美乃滋搭配柴魚片佐料	手工炸豬排上灑上酸甜洋蔥絲的組合	培根義大利麵奶油醬與國產里脊炸豬排的組合
手工玫瑰義大利麵醬炸豬排	**手工地瓜泥炸豬排**	**手工高級炸豬排**	**手工蔥絲炸豬排**
國產里脊炸豬排上淋上滑順奶油和番茄醬汁的組合	國產里脊炸豬排上淋上甜甜的地瓜泥佐料	高級炸豬排的獨門祕方正統國產里脊炸豬排	國產里脊炸豬排上灑上酸甜蔥絲的組合

如果想要知道消費者想要的菜單和口味，就應與其他競爭業者進行比較

這才是更為重要的。

　　我們至少要堅持3個月不放棄，一絲不苟地經營店面。如果不是韓式料理等普通的餐點，今天訂餐的顧客很少會在一個禮拜內回購，所以我們要保持耐心，直到客人再次光顧為止。雖然需要一定的時間，不過相信只要做好第一印象，就能聽到訂單的鈴聲再次響起。

　　我們要做的，是以開店位址為中心，攻略居住在外送半徑內大約5～10萬的居民，外送餐廳就是這樣的一門生意。如果把範圍擴張得太大，反而會導致送餐方面產生問題，所以我們也不需要給自己太多的壓力。除此之外，我們應該以

周邊居民為對象，調查消費者的需求和滿意度，藉此決定各個年齡層的客群和經營方向，如果想了解他們需要的菜單和口味，別忘了和其他競爭業者進行比較。我們要客觀地做出評價，了解自身的優缺點，除了口味以外，還必須透過設計活動來提高消費者的滿意度，如此一來才能夠跳過性價比的層次，直接滿足顧客的「心價比」，從而提高營業額。

〔外送創業＝耐心＋誠意〕

做生意不總是盡如人意，無論起步順利與否，訂單還是可能在某個時刻突然暴漲，為你帶來成功的喜悅，所以如果是正在考慮外送創業的人，我會建議你觀看〔圖片1-1〕等「外送的民族」和「Yogiyo」免費提供的影片，這些影片的內容雖然很好，但是點擊率並不高，這點也反映出了許多人

〔圖片1-1〕「外送的民族」智多星、「Yogiyo」老闆的Youtube頻道

渴望把生意做好，卻懶得學習的態度，而我們就是要和他們不一樣。即便很多人覺得理論在實務現場沒有太大的用處，但是如果有所了解，相信理論也能夠作為背景知識發揮作用，創造出不同的效果。這是我根據經驗給出的建議，希望各位可以銘記在心，既然要以創業為目標，就不能夠逃避現實面的問題，應該好好花時間觀看像〔圖片1-2〕和〔圖片1-3〕的教學影片。

〔圖片1-2〕「外民老闆智多星」的影片內容

〔圖片1-3〕「Yogiyo老闆」的影片內容

千萬不要誤以為在外送平台上註冊後，只要做出好吃的食物賣給顧客，就可以不費吹灰之力持續接到訂單。如果用這種隨便的心態來看待這件事情，幾個月後往往只會一事無成。讓我們傾注熱情吧！不是三分鐘熱度，而是要持之以恆地做下去，難道你連這點熱忱都沒有嗎？

在短期內爆發性成長的外送創業市場，相對於數量規模的成長，卻沒有出現品質的提升。如果詢問周圍從事外送創業的人他們準備了什麼樣的策略，往往只會得到「親切、努力、性價比高、美味、勤奮」之類抽象的回答，自從新冠疫情爆發後，在外送創業的風潮中，有許多人都選擇先投入做看看，我認為這就是這種心理作用下的結果。但不是有句話叫做「危機就是轉機」嗎？正是在這種時候，更需要有意

識的努力，繃緊神經，儘可能多學一點，千萬不要輕易就動搖。

　　尋找創業與經營相關的影片，用筆和筆記本紀錄下重要的內容，就像運動員在寫訓練日誌一樣，銘記當天學到的創業者經營策略。看一遍往往勝過聽一百遍，而寫一遍往往勝過看一百遍。

Chapter 02

尋找適合
外送創業的店面

　　外送專賣店由於經營方式特殊,所以不需要考慮接近性,換句話說,因為這門生意不用等客人找上門來,所以在創業時沒有選址條件的限制。即使店面的位置在地下室或2樓,或者很難一眼就找到的隱密地點,也完全不會受到影響。除此之外,店面的規模也是有8～20坪就夠了,所以可以從保證金、權利金、月租等固定成本低廉的地方開始,憑藉小資本就能創業。正如〔圖表2-1〕所示,保證金通常會訂在500萬韓元到2,000萬韓元之間,月租則會根據商圈不同而有所差異,但是一般都在50萬韓元到120萬韓元之間。如果要同時經營外帶自取服務,就需要考慮到接近性,所以價格可能會比這張圖表還高一些。

店面大小：以8～20坪為標準		
保證金	管理費	月租
500～2,000萬韓元	0～2,000萬韓元	50～120萬韓元

〔圖片2-1〕外送專賣店創業所需的費用整理

尋找店面時的檢查事項

（1）餐飲店營業許可的有無

　　有些店面的商店許可在用途上不能是餐飲業，或者因為化糞池容量超標、非法加蓋等理由無法經營餐飲店，此時如果想要獲得許可，可能得再花上很大一筆費用，所以需要多加注意。除此之外，有時候店家的房東也是第一次遇到餐飲業者進駐，或者店家的管理人是受到委任來簽約的，所以其實不太了解契約的內容，此時如果急著貿然簽下租賃契約，最終往往會弄得自己狼狽不堪。當然我們也可以根據租賃契約要求對方退回簽約金，但是為了減少不必要的時間成本，事前的確認工作是不可或缺的。

（2）電力

　　在電力方面，店面簽約的電力最好在5kw以上會比較好，因為如果低於5kw，在使用廚房設備、器具和冷暖空調的時候，就會達不到需要的電力，導致隨時都可能發生斷電

的情況。電力升壓時,每1kw韓國電力公社(韓電)就會多收10萬韓元左右的費用,還有施工業者的施工費(人工費、器材費),根據作業環境,可能會產生100～200萬韓元的施工費。因常常會有這種意想不到的額外成本,所以如果是透過房地產公司找房子,可以詢問仲介或房東,也可以直接打電話給韓國電力公社,在店面簽約之前提前做好調查。

(3)天然瓦斯LNG

外送型商家因為是小規模創業,所以要求的瓦斯容量不大,假設至少需要5組瓦斯爐(5個大爐灶)、一組油鍋(22L)和熱水器等設備,最好要準備到「10級」。即使接下來要做的菜單使用到爐灶和油鍋的比例較少,我也會建議一定要具備這個水準。倘若用爐灶來烹調、用油鍋來炸的品項比例太少,那麼菜單很有可能就要靠生魚片、壽司、紫菜包飯等需要人手來製作的食物來填補,這一點會直接關係到人事成本。

安裝好爐灶或油鍋後,除了瓦斯費以外,不會產生額外的成本,在製作餐點時,只要一開始控制好火候,接下來幾乎就不需要再找其他人手了。然而,如果是需要人手一步步製作的食物,在烹調的期間,就有一個人要被綁在那裡,連接個電話都很難,結果當店家越忙,就越得要增加越多對

於烹調器具有高依賴度的品項,這就是為什麼瓦斯需要準備充分的原因。如果是更換桶裝瓦斯方式的店面,雖然使用成本比天然瓦斯還貴,但只要店面的規模不大,價格也不會太高,所以在不得已的情況下也可以使用桶裝瓦斯。有部分店面由於地點問題,沒辦法進行天然瓦斯的施工,或者需要花上一千萬韓元以上的鉅額費用,這點也應該事先確認好。

(4) 大馬路

　　店面越靠近大馬路越有優勢,如果店面就在大馬路旁的話,外送員可以迅速帶走餐點(取餐),就會比較願意承接

店面越靠近大馬路就越有優勢

訂單（接單），餐點也能比較快送達顧客手中。不過最近隨著外送員基礎設備的成長和水準的提升，即使是地下室或2樓也可以順利取餐，所以可以根據店面的固定成本來尋找店面。

（5）周邊環境

最好周邊可以過濾掉對摩托車噪音敏感的鄰居，因為如果在開業後因為摩托車發出的噪音，與隔壁店家或周圍做生意的人發生摩擦，甚至妨礙到店面營業，那就得不償失了。除此之外，如果能夠確保有讓摩托車停車的空間，將會是錦上添花。

（6）檢視現有設備

即使是空空如也的閒置狀態，如果不需要權利金，也比半調子裝潢的店面還要好。有經營過自己店的人應該都知道，無論是外送型商家還是內用型店面，通常只要更換了產品，整個廚房動線就必須根據自己想要的菜單風格重新調整，不過我們在尋找店面時也沒有必要以設備狀態為主，甚至捨棄地段位置和固定成本等條件。除了店面位置、保證金、月租等條件以外，如果現有設備和自己希望的動線一致，用品和器具也很完好的話，那當然是錦上添花，但是要

遇到這種店面的可能性非常小。比起初期費用，首先要以地
段位置和每個月的固定成本等條件來進行判斷，這才是重
點。另外，與其支付權利金收購設備，不如多投入一些資
金，按照自己的理想，布置屬於自己風格的廚房，以結果來
說才是最有利的。

（7）換氣扇（抽風機）

　　有時候在準備開店的時候還沒發現，等到開始營業之
後，聽到換氣扇「嗡～」的馬達聲，才覺得這個聲音讓人很
有壓力。馬達最好安裝在屋頂上（垂直配管），不過根據店
面和建築物屋頂的距離，可能會需要支付額外的作業費用，
在尋找外送店面時，就應該先跟房東確認換氣扇的相關事
項，因為如果在完成業者登錄和裝潢後才要設置換氣扇，有
時候會陷入找不到地方裝馬達的窘境。

尋找外送店面（房地產公司）

　　隨著越來越多人投入外送創業，月租便宜的小規模店家
的價值呈現上升的趨勢，另一方面，月租昂貴的內用型店面
的房地產價值則呈現下降的情況，許多店家的權利價值已經
剩下一半，也常常在契約結束後，沒有轉讓就擺著變空屋。
外送小型店家的權利價值正在上漲，所以尋找優質的店面也

並非易事。有人說如果想要找到優質的店面，手腳就得要勤快點，這點說得很有道理，畢竟誰也說不準自己會在何時以什麼樣的理由開一間店，手腳越是勤快就可以獲得越多資訊，所以不妨早點了解取得店家資訊的方法。

（1）列出店面條件

坪數：8坪以上，越寬敞越好。

租賃條件：保證金1,000萬韓元，月租70萬韓元以內，越便宜越好，也可以根據商圈、設備變動。

樓層數：1樓最好，如果位於商圈的中心地帶，2樓或地下室也沒關係。

其他：偏好既有餐廳座位，如果能開餐飲店的話空屋也可以。

（2）明確表明意向

仲介每天都會和很多人見面與討論，但是大部分顧客都只會詢問各種問題，根本沒有打算要承租，抑或是考慮半天，結果才說不租，而且很多人甚至不知道自己真正想要的是什麼樣的店面。因此，唯有明確向仲介表明意向，仲介才會願意盡心盡力地幫忙尋找店面。再加上小規模店面的全租[13]換算金（月租×100＋保證金）較低，交易手續費（全租換

隨著越來越多人投入外送業，月租便宜的小店家價值呈現上升的趨勢

算金的0.4～0.9%，店面一般適用0.9%）也比較少，如果一副糊裡糊塗的樣子去詢問，常常只會收到仲介「你寫上聯絡方式就可以走了」的回答，畢竟這門生意對他們來說也沒什麼賺頭。如果想要快速了解目前市面上的優質店面，在走訪房地產公司時，不妨注意以下事項。

① 如果出現符合條件的店面，就馬上簽約。
② 條件越好就要給越多交易手續費（最多2倍），明確表達自己的意向，小店面的手續費很低，就算給兩倍，通

---

13 全租是一種韓國特有的租屋文化，房客會預先繳交一筆高額保證金給房東，入住期間不需負擔任何租金，合約期滿後可以再拿回保證金，房東則可拿保證金轉投資。

常也只差20～50萬韓元左右。只要能盡快找到便宜又優質的商圈店面，這筆錢就花得毫不可惜了。

③ 時間就是金錢，只要明確討論完重點，就不要待太久，馬上去別家房地產公司。

④ 重複進行以上的內容。我們要記住，腳勤就是獲得好店面的捷徑。

（3）透過網路、店面交易平台和電話確認

> 檢視「Naver房地產」、店面仲介平台「Nemo」、「Naver Place」等，打電話給房地產公司

既然掌握了店面相關的基本資訊，不妨親自走訪確認，我們可以透過「Naver房地產」和社區仲介來檢視各種物件。看到一見鍾情的店面，我們也必須懷疑自己的眼睛，仔細比較各種條件和項目，打破沙鍋問到底。如果一時興起就貿然決定，後頭要收拾的事情可能會壓垮你。

「Naver房地產」網站

Chapter 03

根據訂單單價
改變策略

　　無論是準備獨立外送創業的人、要和連鎖加盟店合作創業的人，還有想透過店中店新增外送產品的店主，都有一件共同需要審慎評估的事項，那就是在檢視自己接下來要販售的菜單組合時，必須考量固定成本和收益率來設定產品單價。假設有人在市場上以990韓元的價格出售價值1,000韓元的物品，那麼東西必定會很暢銷，營業額也會很高，但只要算上原料費，就會發現虧大了，這是理所當然的道理。同樣地，即使一家店菜做得很好吃，份量也很大，抑或是營業額相對於其他分店的商品周轉率來說很高，如果不仔細檢查實際利潤就貿然投入的話，再怎麼努力衝高營業額，到頭來可能什麼也留不住。除此之外，從經營的角度來看，也可能

與自己目前的系統不符，白白浪費資金和時間。我希望各位可以參考以下訂單單價的注意事項，在創業時打穩根基。

*菜單劃分法（單筆訂單的平均金額）

① 10,000 ～ 17,000韓元左右的訂單單價

② 17,000 ～ 25,000韓元左右的訂單單價

③ 25,000韓元以上的訂單單價

上述的3個價格區間不是根據菜單價格，而是根據顧客單次訂購時產生的訂單金額的平均值來看，換句話說，就是以「客單價」為基準。外送創業會根據菜單的客單價、經營方式和服務細節有明顯變化。

10,000 ～ 17,000韓元這個價位的顧客，大部分都是1個人點來吃，所以除了食物的口味以外，對於份量和回饋活動等細緻服務的反應也比較敏感。因為是單價相對較低，所以訂購的接近性很好，但是由於商品周轉率要高，就需要很大的勞動強度。舉例來說，平均客單價為15,000韓元的店家，為了達到90萬韓元的日營業額，需要反覆60次「接受訂單－呼叫外送承包業者－餐點製作－包裝－送餐－洗碗與整理」的過程，可是店面經營除了製作餐點以外，每個訂單

都要同時留意顧客的備註事項，也要隨時準備可能發生的客訴處理，所以如果沒有熟練到得心應手的話，這會是相當吃力的工作量。如果比較平均客單價為25,000韓元的菜單，上述過程只需要重複36次即可。就算是相同的營業額，所需的勞動力也能減少1.6倍，還能節省人事成本和外送承包費等固定成本。

不過反過來想，大部分準備創業的人，應該都有直接或間接地考慮到當產品的客單價越低就會越辛苦的事實，所以市場上的趨勢就會以平均客單價20,000韓元以上的產品為目標展開競爭。在競爭相對較少的17,000韓元以下的市場，只要透過薄利多銷的經營策略持續努力，一旦有了固定的顧客群，提高在當地的知名度，競爭業者就無法輕易抗衡，即使踏進了這個市場，這個價格區間的收支平衡點也很高，不容易長期堅持下去，此時如果是深耕已久的店面，就具有營業額穩定的優勢。

在這個價位的產品有泡菜鍋、冷面、湯飯、便當、單人烤五花肉、石鍋拌飯、麻辣燙、粥、沙拉、咖啡、甜點等，都是只有一個人也能輕鬆叫來吃的餐點。大部分的客單價在7,500～11,000韓元之間，通常都是單點而非套餐，這個價位需要很高的商品周轉率，所以我會建議體力好或年輕的創業者挑戰看看。

辣炒年糕、炸雞、披薩等，是目前外送創業市場上競爭最激烈的品項

　　17,000 ～ 25,000 韓元這個價位的顧客，大部分訂餐的人都在 2 個人以上，代表性的菜單有辣炒年糕、炸雞、披薩等，是目前外送創業市場上競爭最激烈的品項。在這個價格區間，食物的味道和份量固然重要，但是同時也要注意包裝。甚至還出現有連鎖店為了帶給顧客更大的滿足感，光是包裝材料成本就投入了超過 1,000 韓元。除了可以在電視廣告中看到的連鎖店和企業以外，家喻戶曉的大品牌幾乎也都在這個價格區間競爭。如果沒有具備特殊的祕訣，就需要長時間持之以恆的努力來建立起穩固的口碑。

　　辣炒年糕不再是點心，而是接近料理概念的品項。以前在大街上只要花 3,000 韓元就能吃到豐盛的辣炒年糕，但是

在外送市場上，加上外送費，一份的單價可以賣到15,000
韓元以上。舉例來說，掀起牛肥腸炒年糕的旋風、在不到
一年的時間裡了高達130家店的「Goptteok Chitteok」，
他們的平均銷售單價就在25,000 ～ 30,000韓元之間。由於
辣炒年糕中添加牛小腸、牛大腸、牛皺胃等價格昂貴的材
料，提高了客單價，同時也拉高了每一件訂單的利潤。除此
之外，他們透過這種平時不常見的搭配，以及一般家庭很難
自己煮出來的料理組合，搶占了辣炒年糕品項的小眾市場
（niche market）。

炸雞和披薩則是人氣不滅的代表性國民外送餐點，相較
於可以帶來的營業額，廚房的營運強度不高，烹調時間短，
食材成本率也不高。因此，任何人只要稍微有點創意，就可
以想出各式各樣的副餐，透過多種套餐組合來提高客單價。

這個價位的菜單推薦給夫妻創業者，或者是在體力上
對於與年輕人競爭感到負擔的中年創業者，尤其是考慮店中
店創業的人，我會極力推薦這個價位的品項。如果是店中店
創業，由於訂購管道與需要管理的食材會增加，經營模式也
會比以往更為複雜，這點一定要仔細想清楚。因為我們要最
大限度地利用現有的烹調動線，所以烹調時間短、烹調強度
低、客單價高的菜單在營運方面會比較有優勢。如果要新增
以商品周轉率決勝負的產品，增加的勞動強度可能會與現有

炸雞和披薩是人氣不滅的代表性國民外送餐點

的菜單產生衝突，除此之外，體力也會消耗得更快，不容易穩定地營運下去，所以要多加注意。

　　只要仔細挑選產品和客單價來經營，靠著炸雞與披薩、辣炒年糕、義大利麵、烤五花肉套餐、燉雞、雞爪、炸豬排、辣燉鮟鱇魚、豬腳、豬肥腸、鮭魚、泡菜燉肉、燉排骨、越南菜、煎餅等品項，也能夠創造不亞於內用型店面的高收益。雖然競爭激烈，但是只要打出口碑，營運就能獲得穩定的保障。

　　25,000韓元以上這個價位的產品如豬腳、生菜包肉、牛肥腸、生魚片等，由於客單價較高，烹調難度也相對較

高。除了豬腳以外,大部分都是需要高烹調技術和強度的產品,所以很難實現連鎖系統化。而且因為高單價,每個社區也有既存的知名店家在競爭,因此對於經驗較少的新手創業者,以及想透過店中店新增產品的創業者來說,並不是適合的選擇。由於價位較高,消費者對於口味的評價也非常敏感,所以必須藉由熟練的技巧,仔細準備醬料等各式各樣的食材,在投入以後也需要付出很大的努力和耐心,直到打出口碑為止。在這個價格區間,比起外送專賣店,大部分都是內用型態的商家同時經營外送服務,而且也不是獨立的小資本創業,通常都是採取2人以上的營運型態。

因為市場具有一定程度的單一化,所以有進行各種嘗試的空間,無論是自己獨特的服務,還是新鮮的菜單組合,比如說搭配生菜包肉和海鮮做成套餐,有時候意想不到的創意組合也能獲得好評。

Chapter 04

外送APP
管理的必要性

在加盟外送APP等仲介平台時，如果直接向客服中心諮詢加盟問題，對方大部分只會對形式上的流程進行說明，接下來就很難知道具體的內容，這是電話諮詢所不可避免的限制。除此之外，如果透過客服中心直接加盟，往後就無法選擇經紀人，必須頻繁透過客服中心進行管理，在營運過程中也會因此產生困難。

各家外送平台業者為了提供直接的服務，會在各個地區派出締結外包合作關係的「經紀人」來負責處理。如此一來，比起在剛開始加盟時透過客服中心直接處理流程，讓附近從事外送生意的夥伴介紹地區經紀人，把進駐的手續委託給他們，這樣在平台管理上會更加方便。

然而，雖然整體的流程準則是由外送業者的總公司來制定，但是平台管理終究是由人來做的事情，各地區的經紀人並不隸屬於外送平台業者，而是走外包業務的模式，所以每個人的業務處理能力和責任感或許會參差不齊。有的經紀人要花上超過一週來處理三天就能完成的工作量，不過會很仔細地幫忙處理要求，也有些人即使跟他講了兩三遍還是遲遲不願意幫忙處理。如果想要找到工作能力強的經紀人，正如我前面提到的，最好是經由周圍的人推薦，或者透過「外送的民族」或「Yogiyo」等網站來指定負責人，另外還有在與創業有關的「Naver Café」社群請人介紹和直接拿名片等方法。

設計縮圖（商標）

進入外送APP後，在一個類別中，就可以看到有數不清的縮圖（商標）為了吸引目光，正在展開激烈的競爭。剛進駐還沒有打出口碑的新店家，想獲得顧客的選擇至少需要付出的努力，就是想出讓人印象深刻的店名和有品味的商標設計。實體店面有招牌、外觀、燈光、布條等許多可以在視覺上表現的部分，只是規模的大小會根據投資金額有所差異，而外送APP能夠表現在視覺上的，基本就只有商標、菜單圖片、公告事項的橫幅廣告，雖然只能進行有限的宣傳，不過

也顯得相對公平。

　　換句話說，我們可以理解為實體店面的招牌就等同於外送APP裡的縮圖（商標），而室內裝潢則是外送平台上的排版設計。外送APP的這一特點，就代表消費者能夠接收到的訊息是有限的，也就是說無論是一個商標，還是一張橫幅，我們都必須謹慎看待。除此之外，使用外送APP的主要年齡層是20～30幾歲的人，比起安定熟悉的事物，他們更喜歡別緻有趣的事物。如果想要吸引他們的目光，其中一項值得投入的具體努力，就是巧妙的命名和獨特的設計。舉例來說，把縮圖做成能聯想到Webtoon[14]、Netflix影集、手機遊戲等他們喜歡的事物來產生親近感，憑藉這一招獲得成功的業者不在少數。

　　如果決定不了縮圖，只要跟外送APP平台提出要求，也可以製作文本型態的商標，但是這種型態的商標不僅無法傳達店家的個性，也不容易吸引目光，所以最好避免使用。正如我前面所說的，縮圖是店家的招牌，也是店家的門面，更是與顧客的連結紐帶，因此就算支付一些費用，把設計委託給專業人士，也是很值得的投資。便宜一點的只要花上幾萬韓元的設計費，就可以打造屬於自己店面獨一無

---

14 一種源自於韓國的新型態網路漫畫，該詞彙由Web（網路）和Cartoon（卡通）組合而成。

二的縮圖。我會建議使用「Vworks Design」、「Kmong」、「Bizhows」、「Loudsourcing」等網站，如果你有設計功底，也可以免費用一個叫做「MiriCanvas」的網站親手設計，以上提供給各位參考。

店名登記

　　為了保證別人不會使用自己創立的店舖名稱，我們需要進行「店名登記」。在向韓國專利廳申請時，可以透過本人直接申請，但是登記流程有點複雜，就算申請了也不是全部都能夠成功登記。如果有人已經搶先登記相同的店名、店名的一部分包含已登記的店名形成侵權、店名是普遍使用的詞彙，或者詞彙組合缺乏辨識度，就算申請了也沒辦法成功登

如果要發展連鎖化，就必須進行店名登記

記。因此，如果預計進行店名登記，在申請前就應該累積相關知識，學習登記方法，也可以支付手續費委託專利代理人代為處理。店名登記並非義務，而是一種選擇，所以在單獨創業時不一定要列入考慮，但是如果要發展連鎖化，就必須進行店名登記，才能夠保護品牌的價值和權限，避免不必要的訴訟。

填寫招牌餐點上方的「原產地標記」欄

　　這是顧客點進來我們的店面最先看到的部分，如〔圖片4-1〕所示，我們必須最大限度地活用這個地方，可以寫上店家簡介、菜單概念、促銷活動、製作餐點的態度等等，儘可能宣傳店家的特色。如果能活用表情符號、特殊字元的版面來協助表達，或許可以收穫更大的成效。有很多店面都不把這個部分放在心上，認為沒有在這裡花費心思的必要，很可惜地錯過了介紹自家店面特色的機會。

　　正如我前面提到的，外送APP平台上的排版氛圍就等同於室內裝潢，就像去實體店面時，店家會利用燈光、小配件和各種宣傳道具來表現整體的氛圍，在自己的主頁上，能夠加以利用的各種資訊欄就是設置燈光的場所，也是能讓我們用小道具裝飾的空間。我要再重申一次，發揮效果的不是其中的某樣東西，而是它們聚集在一起散發的整體氛圍，請務

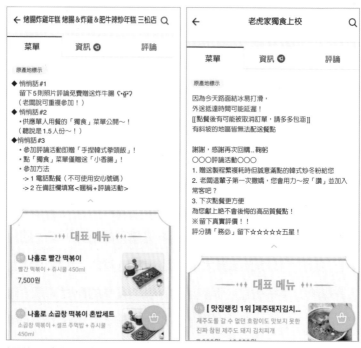

〔圖片4-1〕招牌餐點上方的活用方式

必牢牢記住這一點。

在「店家資訊」欄宣傳自己的店面

　　隨著外送創業市場的擴張，大眾對於衛生相關的顧慮和不安也浮上了檯面，因此我們要告訴消費者，自己的店家在衛生管理上執行得有多澈底，清潔水準有多高，這將成為提升競爭力的關鍵。外送創業在數量上迅速成長，而現在正是

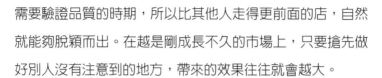

需要驗證品質的時期，所以比其他人走得更前面的店，自然就能夠脫穎而出。在越是剛成長不久的市場上，只要搶先做好別人沒有注意到的地方，帶來的效果往往就會越大。

在我經營的店面裡，就有一家強調在烹調過程中使用了「最高級純淨水」；「Goptteok Chitteok」則是拍攝廚房內部乾淨的樣子和菜單以GIF檔案上傳，藉此贏得顧客的信賴。在店家資訊欄裡，不僅可以上傳JPG圖片，還可以上傳GIF檔案的動畫，所以不妨定期公告特別想要強調的訊息、衛生的樣子、食材管理的樣子、店鋪活動等各式各樣的資訊給顧客看，這是與顧客互動留下深刻印象的祕訣。

衛生良好的店家，就連外送員自己也會來訂餐，還可能幫忙打響名號，相反地，如果衛生不佳，也可能因為外送員的評價導致營業額逐漸下滑。除此之外，未來根據韓國食品醫藥品安全處（食藥處）的政策，外送員對於衛生不良業者的檢舉制度還會進一步加強，提供給各位參考。

在「老闆的公告」裡的最上方，正如〔圖片4-2〕所示，有放得下3張橫幅的空間，最適合拿來傳達店家的理念和特色，這也是非常重要的一部分。1張橫幅的尺寸為1,280×560像素，3張全部加起來是平台上面積最大的空間，所以我們一定要善加利用照片和設計，放上留言活動之類的服務消息、店家有趣的故事或主打菜單等重點資訊。

〔圖片4-2〕打造「老闆的公告」和醒目的三張橫幅

　　右邊的「Goptteok Chitteok」在最上方的橫幅放上關於留言活動的內容，讓相關消息最先映入消費者的眼簾；左邊的「老虎家獨食上校」則打出了「食物裡沒有肉就是零食」的主標語，與招牌餐點的照片擺在一起，強調餐點裡放滿了大量的肉。如上所述，橫幅廣告是有效傳達資訊的最佳手段，但是如果長期沒有更新，很容易就會顯得老套，消費者也會看膩，所以我會建議至少6個月要定期更新一次。

　　如同我前面提到的，在招牌餐點的上方，只要填寫並上傳想要強調的訊息、店家的特色、理念、活動及服務、各種

最新消息等多元化的內容，對於消費者來說都是資訊，也可以放上有趣的短文或笑話，甚至是老闆的私人故事。招牌餐點上頭如〔圖片4-3〕所示的「老闆的公告文」，由於位在三張橫幅的正下方，所以比其他部分的曝光度還高，也可以輸入手機提供的彩色卡通表情符號。讓我們最大限度地利用這些功能，持續傳遞朝氣蓬勃、有活力的一面，透過與顧客之間的互動成為深受喜愛的店家吧！

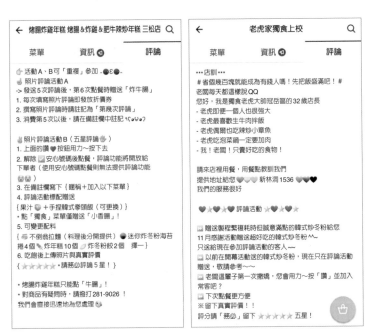

〔圖片4-3〕老闆的公告文

Chapter 05

檢視外送業者的
手續費

　　如果想要經營外送餐飲店，必須事先了解一些事情，那
就是各家外送公司的專業用語和手續費，唯有比較與記住這
些差異，才能有所幫助。手續費分為支付一定廣告費用後才
開始販售的「定額制」，以及根據營業額按一定比例計算的
「定率制」，而「外送的民族」的「Ultra Call」就屬於定額
制。

《外送的民族》

1.「Ultra Call」

　　– 通常被稱作「插旗」。

　　– 曝光範圍為炸雞（1.5km），烤肉、飯類套餐‧粥‧麵食

（2km），其他類別（3km）。首都圈與地方圈可能有所
不同，需要透過客服中心進行確認。

– 一個Ultra Call單價為88,000韓元（含附加稅）。

– 如果插上10個旗幟，就是88萬韓元＋外部結帳手續費
3.3%單純是APP的使用手續費。

2.「外民訂餐」

– 這是一種顧客在「外送的民族」平台上預訂後直接到店
裡取餐的方式，會產生3.3%的外部結帳手續費。

＊外部結帳手續費（預付刷卡手續費）
透過「外送的民族」使用信用卡、手機結帳等支付方式
時，會產生一筆訂餐金額3.3%的額外手續費，只要不是現
金結帳，就一定會產生這筆費用。由於近年來幾乎沒有消
費者會用現金結帳，所以應該視為按照訂單金額必定會產
生的一筆手續費。

3.「公開名單」

– 這是一種在Ultra Call廣告上方隨機為3家業者進行曝光
的服務。

– 進駐的業者數量越多，獲得曝光的機率就越低。

– 訂單金額的手續費6.8%（附加稅另計）＋外部結帳手續
費3%（附加稅另計）。

例）20,000韓元的訂單

　　– 公開名單手續費：1,360韓元（20,000 x 0.068）

　　外部結帳手續費：600韓元（20,000 x 0.03）

　　– 附加稅：196韓元（1,360韓元 + 600韓元的10%）

　　– 淨營業額：17,844韓元

※ 公開名單是必備的

※ 在所有可以進駐的類別中申請公開名單

　　– 如果主要類別是「韓式料理」，就申請「飯類套餐・
　　　粥・麵食」類別、「燉菜・湯品」、「宵夜」類別來增
　　　加曝光頻率

※ 務必製作「單人菜單」讓店家在「單人類別」中也能獲
　　得曝光

※ 曝光次數越多，被顧客選中的機率就越高

4.「外民1」

　– 這是一種「外送的民族」平台代理外送的方式

　– 因為同一時間只會配送一家店的餐點，所以來取食物的
　　時間更快更準確，餐點送到顧客手上的時間也能縮短

　– 能夠一鍵式申請外送承包，所以可以更加專注於烹調和
　　店面管理

– 如果在設定產品價格時沒有考量到手續費，就很難超過收支平衡點

1）基本型收費方案

– 預設收費制

– 訂單金額的手續費6.8%（附加稅另計）＋外送費0～6,000韓元（附加稅另計）＋外部結帳手續費3%（附加稅另計）

– 老闆負擔的外送費可設定為0～6,000韓元

– 剩餘的外送費會向顧客收取

–「基本距離外送小費」是與「老闆負擔的外送費」另計的外送小費，原則上由顧客負擔，不過「外送的民族」或老闆也可以提供補助（0～500韓元）

– 顧客支付的所有外送小費皆含附加稅

2）外送費輕省型收費方案

– 推薦給菜單客單價低的店家

– 訂單金額的手續費15%（附加稅另計）＋按訂單金額計算的外送費（附加稅另計）＋外部結帳手續費3%（附加稅另計）

　＊訂單金額5,000韓元～ 12,000韓元以下

– 老闆負擔的外送費900韓元（附加稅另計）／

顧客外送小費3,900韓元（含附加稅）

＊訂單金額12,000韓元～30,000韓元以下

– 老闆負擔的外送費2,900韓元（附加稅另計）／

顧客外送小費2,000韓元（含附加稅）

＊訂單金額30,000韓元以上

– 老闆負擔的外送費2,900韓元（附加稅另計）／ 0韓元

3）含外送費的收費方案

– 合併仲介費與外送費，便於管理收益

– 訂單金額的仲介費27%（附加稅另計）＋外部結帳手續費

3%（附加稅另計）

– 根據訂單金額與訂購時間段的需求自動向顧客收取外送

小費

– 建議根據時間、星期幾與距離制定適用不同金額的外送

小費

※ 結論

– 找出老闆們的平均客單價（總營業額÷總訂單數）

– 根據平均客單價經過計算後選擇有優勢的收費方案

– 平均客單價低於15,000韓元的店家,推薦選擇「外送費
輕省型收費方案」

– 平均客單價低於25,000韓元的店家,推薦選擇「基本型
收費方案」

▶ 無論選擇哪一種收費方案,基本上利潤都很低,但是為
了迅速建立口碑,這是不可或缺的廣告產品,重點在
於抱持正面的心態,就算利潤只有3,000韓元也願意外
送,在建立起口碑後,即使退出「外民1」也無所謂。

5. 我家商店點閱

– 以CPC(Click Per Cost)為基礎,廣告費由老闆自己設
定

– 如果同一個人連續點閱,並不會產生費用

– 在「我家社區快遞」類別、「各菜單類別下方第二個」
類別中曝光

– 可設定最低200韓元至最高600韓元的點閱單價

– 出價越高,就能在越上方獲得曝光

– 即使顧客沒有下訂,只要他們有按「讚」或記住我們這
家店,就應該視為成功一半了

案例1）「假設我設定單月的廣告費為5萬韓元，獲得點擊
　　　　的成本定為200」
：50,000韓元÷200韓元＝可獲得250次受到顧客選中
（點閱）的機會
案例2）「假設我設定單月的廣告費為為300萬韓元，獲得
　　　　點擊的成本定為600」
：3,000,000韓元÷600韓元＝可獲得5,000次被顧客選中
（點閱）的機會

★「外送的民族」資料分析方法
− 登錄「外送的民族老闆網站」
− 點擊統計
− 點擊想要檢視的品牌
− 可以檢視曝光數／點閱數／訂單數／訂單金額／電話訂單

1）曝光數：顧客們用大拇指「刷刷刷～」地滑過去時，
　　　　　　不經意映入眼簾。
2）點閱數：對於稍微顯眼的店家產生好奇，於是決定點
　　　　　　進去看一眼。
3）訂單數：點進來看一看以後覺得不錯，所以決定點餐
　　　　　　下訂。

- 曝光數÷點閱數＝點閱率

  點閱率不到20%的話，就是店家門面（縮圖、徽章、外送時間等）有問題

- 曝光數÷訂單數＝訂購率

  訂購率不到20%的話，就是詳情頁面有問題

※ 自己店家「曝光數」有問題的話？

▶ 利用「我家商店點閱」的廣告等手段來提升曝光數

※ 自己店家「點閱數」有問題的話？

▶ 發現店家門面（縮圖、徽章、外送時間等）的問題點並且進行修正。

※ 自己店家「訂單數」有問題的話？

▶ 發現店家內頁設計的問題點，針對詳情頁面進行修改。

《Yogiyo》

1. 基本手續費方案

- 仲介手續費：12.5%（附加稅另計）＋外部結帳手續費3%（附加稅另計）

– 曝光方式：依據顧客位置按距離順序隨機進行曝光

– 需要與外送代理業者簽約

– 連鎖加盟（B2B合約）手續費8.0%（附加稅另計）

2.「Yogiyo Express」

– 仲介手續費12.5%（附加稅另計）＋外部結帳手續費3%
（附加稅另計）＋外送費2,900韓元（含附加稅）

＊新進店家促銷期間：手續費10%＋外送費1,900韓元

– 終端機租賃費用：每個月5,000韓元（用紙需另外購買）

– 曝光方式：根據半徑3km以內的距離＋回購率進行演算
法曝光

– 連鎖加盟（B2B合約）手續費8.0%（附加稅另計）

–「Yogiyo」所屬外送員直接配送

3. Yo Time Deal

– 仲介手續費6%

– 新顧客或一定期間（50天以上）沒有下訂的顧客會出現
彈出式的折扣視窗

– 根據老闆設定的金額區間提供優惠券

– 只要顧客沒有下訂，就不會產生廣告費

– 可以任意設定日期與折扣次數

＊將Yo Time Deal的次數設定為10次：只要整體客人下訂10次就會停止曝光

《Coupang Eats》

1. 手續費一般方案

－仲介手續費：9.8%（附加稅另計）＋外送費5,400韓元（含附加稅）＋外部結帳手續費3%（附加稅另計）

－外送費5,400韓元中的一部分可由顧客負擔（最多4,000韓元）

2. 手續費輕省型方案

－仲介手續費：7.5%（附加稅另計）＋外送費6,000韓元（含附加稅）＋外部結帳手續費3%（附加稅另計）

－外送費6,000韓元中的一部分可由顧客負擔（最多4,000韓元）

＊平均客單價越高（30,000韓元以上），手續費輕省型方案就越有優勢。

3. 外送費輕省型方案

－仲介手續費：15%（附加稅另計）＋外送費根據訂單金額落在900～2,900韓元（含附加稅）＋外部結帳手續費3%（附加稅另計）

- 訂單金額5,000韓元～ 12,000韓元以下店家負擔外送費：900韓元／顧客端顯示外送費：3,900韓元
- 訂單金額12,000韓元～ 30,000韓元以下店家負擔外送費：2,000韓元／顧客端顯示外送費：2,900韓元
- 訂單金額超過30,000韓元店家負擔外送費：2,900韓元／顧客端顯示外送費：0韓元
- ＊平均客單價越低（5,000韓元～11,000韓元），外送費輕省型方案就越有優勢。

4. 含外送費的收費方案

– 仲介手續費：27%（附加稅另計）＋無外送費＋外部結帳手續費3%（附加稅另計）

– 顧客端顯示外送費將根據訂單金額、各時間段的需求、距離等條件自動設定

　＊外送單價超過20,000韓元以上時不推薦

5. Coupang Eats促銷活動

– 僅適用於新進店家限時使用

– 仲介手續費1,000韓元＋外送費5,000韓元

– 首爾／京畿／仁川地區適用3個月促銷活動

 － 其他地區的促銷活動期間可能有所延長，需要洽詢客服
　 中心

6.「獵豹配送」

 －「獵豹配送」是像「Coupang 的火箭配送」一樣認證店
　 家食物送貨速度很快的系統

 － 即使沒有購買其他廣告產品，也可以透過「獵豹配送」
　 徽章與「獵豹配送」的等級來打廣告

 － 收到「獵豹配送」徽章認證的營業場所會相對容易獲得
　 曝光

 1）條件

 － 顧客評分需達到 4.5 以上

 － 烹調時間需在 15 分鐘以下

 － 準備就緒使用率需達到 85% 以上

 － 接受訂單率需達到 95% 以上

 ＊必須盡快接受訂單與縮短烹調時間。

 2）等級

 － 等級 1：快速精準的外送店家，會顯示可進行「獵豹配
　 送」的最小半徑徽章

- 等級2：比等級1更為出色的店家，會顯示比等級1更大
的半徑
- 等級3：比等級2更為出色的店家，會顯示比等級2更大
的半徑

7. Coupang Eats廣告

- 於各類別內店家的最上方進行曝光
- 無固定廣告費，僅在有人下訂時扣款
- 每次點擊的廣告費可從訂購單價5%起自由設定，廣告
費越高就可以在越上方獲得優先曝光
- 最多可對4公里以內的顧客進行曝光

《ddangyo》

- 這是新韓銀行推出的公共外送應用程式，手續費低廉。
- 仲介手續費2%（附加稅另計）＋外部結帳手續費3%（附
加稅另計）
- 根據顧客位置和距離隨機進行曝光
- 需要與外送代理業者簽約
- ＊有一個仲介手續費負擔相對較少的外送平台在持續開發
中，期待它會對於外送店家的經營產生正面影響。

業者	方式	手續費		備註
外送的民族	Ultra Call（插旗）	一個88,000韓元（附加稅另計）以外每件外部結帳手續費3%（附加稅另計）		
	公開名單	仲介手續費6.8%（附加稅另計）＋外部結帳手續費3%（附加稅另計）		
	外民1	基本型收費方案	仲介手續費6.8%（附加稅另計）＋外送費0～6,000韓元（附加稅另計）＋外部結帳手續費3%（附加稅另計）	－ 老闆負擔的外送費可設定為0～6,000韓元 － 剩餘的外送費會向顧客收取 ＊ 推薦平均客單價25,000韓元以上的店家使用
		外送費輕省型收費方案	仲介手續費15%（附加稅另計）＋按訂單金額計算的外送費（附加稅另計）＋外部結帳手續費3%（附加稅另計）	－ 外送費會根據訂單金額區間變動，可參考第123頁 ＊ 推薦平均客單價15,000韓元以下的店家使用
		含外送費的收費方案	仲介手續費27%（附加稅另計）＋外部結帳手續費3%（附加稅另計）	－ 根據訂單金額與訂購時間段的需求自動向顧客收取外送小費 ＊ 建議根據時間、星期幾與距離制定適用不同金額的外送小費
	我家商店點閱	可設定每次點擊單價200韓元～600韓元		－ 儲值金歸零時自動儲值
	外民訂餐	3.3%		－ 顧客來店打包

Yogiyo	基本手續費方案	仲介手續費12.5%（附加稅另計） ＋ 外部結帳手續費3%（附加稅另計）	－ 連鎖加盟B2B簽約的手續費8.0%（附加稅另計）
	「Yogiyo Express」	仲介手續費12.5%（附加稅另計） ＋ 外部結帳手續費3%（附加稅另計） ＋ 外送費2,900韓元（含附加稅）	－ 新進店家促銷期間：手續費10%＋外送費1,900韓元
Yogiyo	Yo Time Deal	仲介手續費6%（附加稅另計）	－ 根據老闆設定的金額區間提供優惠券
Coupang Eats	手續費一般方案	仲介手續費9.8%（附加稅另計） ＋ 外送費5,400韓元（含附加稅） ＋ 外部結帳手續費3%（附加稅另計）	－ 外送費5,400韓元中的一部分可由顧客負擔（最高4,000韓元）
	手續費輕省型方案	仲介手續費7.5%（附加稅另計） ＋ 外送費6,000韓元（含附加稅） ＋ 外部結帳手續費3%（附加稅另計）	－ 外送費6,000韓元中的一部分可由顧客負擔一部分（最高4,000韓元） ＊ 平均客單價越高就越有優勢（30,000韓元以上）
	外送費輕省型方案	仲介手續費15%（附加稅另計） ＋ 外送費根據訂單金額落在900～2,900韓元（含附加稅） ＋ 外部結帳手續費3%（附加稅另計）	－ 外送費會根據訂單金額區間變動，可參考第129頁 ＊ 平均客單價越低就越有優勢（5,000韓元～11,000韓元）

Coupang Eats	含外送費的收費方案	仲介手續費27%（附加稅另計）＋無外送費＋外部結帳手續費3%（附加稅另計）	− 不推薦外送單價超過20,000韓元的店家使用
	Coupang Eats廣告	每次點擊的廣告費可從訂購單價5%起自由設定	− 廣告費越高，就會在越上方優先獲得曝光
ddangyo	基本	仲介手續費2%（附加稅另計）＋外部結帳手續費3%（附加稅另計）	− 這是新韓銀行推出的公共外送應用程式，手續費低廉
WMPO	基本	伺服器每週8,800韓元以外，每件仲介手續費5%（附加稅另計）＋外部結帳手續費3%（附加稅另計）	

Chapter 06

讓精明能幹的員工
提高營業額

　　在僱用員工和經營的概念上，外送型商家和內用型店面大不相同，但是能夠明確體悟到這一點的人並不多。外送型餐廳通常不容易找到工作能力強的員工，如果仔細瞭解一下，我們可以發現幾個原因。

　　首先，除了勞動市場的品質問題以外，很多管理者本身也缺乏營運的巧思。韓國有句俗諺說：「即使有好的鐮刀，如果不懂得怎麼揮，也砍不到幾株草。」老闆應該賦予員工適當的角色，創造業務順利運作的條件，同時在工作上也必須以身作則，這種老闆身邊才會有懂得對自己工作負責的員工。

　　另一點可以歸咎於外送市場急速擴張下的創業環境。根據我在內用型店面和眾多員工一起工作的經驗，如果要經營外送型店面，在員工管理上會感到相對困難，這是因為內用型店面和外送型商家的員工所要扮演的角色不盡相同。外送創業通常是小資本，規模也比較小，所以一個人往往得要處理多項業務，舉凡廚房清潔、開店準備、食材訂購、庫存管理、水電費管理、電話接聽與應對、回饋管理、APP管理，如果是管理層級，還需要注意月底結算等各式各樣的業務。

　　另一方面，在規模相對較大的內用型店面裡有眾多的員工，每個人會專注在自己負責的特定業務上，所以實際營運內用型店面的人，通常不需要一口氣負責全方位的工作內容，然而外送型商家則必須親力親為處理大小事，此時往往就會碰到困難。外送創業市場目前正處於成長期，在「沒有比老闆工作能力更好的員工」的真理下，每個員工在工作上自然會感到吃力，這樣的結果也是顯而易見的，所以身為老闆不應該責怪對方，而是要先累積實力，把自己當成教科書，以身作則做給員工看，這就是創業成功的第一步。

　　如果想要找員工，如〔圖片6-1〕所示，通常需要在「Albamon」或「JOB KOREA」上以經營者身分進行徵才登記。

〔圖片6-1〕可以在上面徵才的「Albamon」或「JOB KOREA」網站

　　以外送產業的特性來說，僱用年輕的員工會相對有利，
而實際上來應徵和面試的人，大多也是落在20出頭到30出
頭的年齡層。現代人追求個人隱私和生活品質，所以比起每
週工作6天，即使賺得比較少，也寧願選擇每週工作5天。
大部分30歲以下的人都偏好一週工作5天，30歲以上的求職
者則不同，如果薪水比較高，通常就會選擇一週工作6天，
這是因為有家庭和小孩，所以會希望在經濟上獲得更多回報。

　　雖然每個地區都有所不同，不過以外送產業的特性來
說，要工作12個小時才能確保在營業時間內正常營運，因
此外送專賣餐廳員工的人事成本會比其他餐廳還高，如果是
夜班的工作人員，月薪最高可以達到300萬韓元出頭。

　　如果在徵才網站上打「每天12個小時月薪250萬韓元」，來面試的人就會減少，也很難找到滿意的員工，月薪至少要設定在260萬韓元以上，值得僱用的人才會比較有意願來面試。實際上，我們營運的新林店原本也是在徵才公告上寫每天12個小時250萬韓元，結果沒有什麼人願意來面試，後來調整到270萬韓元，重新刊登徵才公告後，來面試的人就明顯增加了。員工通常都會希望每天可以只工作10個小時，如果是這樣的話，前後的時段只能由老闆加倍努力來填補了。

　　越容易找到員工的地區，薪水就會越低，畢竟徵才與求職同樣完全適用供需法則。雖然每個行業都差不多，不過員工問題往往都是最難解決的，而且形成團隊意識也需要一段時間，對員工的期待越大，失望就會越大，以老闆的視角來看員工，難免都會感到不滿意。

　　「你為什麼要這樣做？如果是我的話才不會這麼做。」
　　「他工作的時候腦袋到底都在想些什麼？」
　　「為什麼你只能做到這樣？」
　　「有多的時間不打掃環境，還在那邊發呆，你到底在幹嘛？」
　　「為什麼你都不會自動自發呢？」

〔圖片6-2〕徵才網站上登記徵才公告的技巧

「如果有一天來了其他優秀的員工，我就讓你先捲鋪蓋走人。」

如果以這種心態來對待員工，就會在無意間表現在說話的語氣上，老闆的一言一行，包含眼神，全部都可能讓員工感受到這些負面情緒。如此一來，員工往往就不會傾注熱情在店面和販售的食物上，也會把這些負面情緒帶給顧客，甚至導致營業額下滑，陷入惡性循環。

不僱用可能闖禍的員工也是一種方法，在面試時，可以透過自傳和履歷表的準備情況來進行一定程度的判斷。即使只是非常簡潔的自我介紹或履歷表，只要是有做好準備再

來面試的人，和兩手空空只帶一隻手機就來面試的人，在心態上從一開始就有很大的差別。如果跟求職者說希望對方在來面試時可以撰寫自我介紹和期望薪資，有些人會隨便寫一寫，也有些人會寫得比較認真，此時當然是後者兢兢業業把工作做好的可能性比較高。

外送產業的特性就是速度要快，正如我前面提到的，除了視力要好以外，還要熟悉配送流程，如果店裡僱用的員工都相對年輕，這個問題就很容易獲得解決。

業主也應該表現出符合老闆或「店長」這個職稱的思維和氣度，在任何情況下都不可以妄下判斷，也不能有粗魯的言行舉止。無論有多麼生氣，也不能辱罵員工或推託責任，

雖然每個行業都差不多，不過員工問題往往都是最難解決的

唯有透過忍耐和理解從容地應對，才能夠獲得員工們的肯定。值得學習的老闆、宅心仁厚的老闆、懂得聽取員工建議的老闆、能夠共同成長的老闆……這些形象都是靠自己創造出來的。如果為員工提供優渥的薪資和福利，店家的營業額往往也會隨之成長。

不管身處於哪個行業，都要靠員工來創造營業額，以外送產業的特性來說，因為大家通常都做不久，人員流動率高，老闆單獨創業＋家人或許是最佳的營運模式。然而，在同一個空間裡工作的時間久了，家人之間難免也會出現矛盾，與外人的員工會產生衝突更是理所當然的事情，所以無論什麼時候，我們都必須尊重其他人，也要懂得為別人著想。如果你是值得學習的老闆，身邊自然就會聚集優秀的員工，在生意好的餐飲店裡，員工不會因為嫌太忙或太辛苦就辭職，大部分的人反而會覺得時間過得很快，也會從中獲得成就感。反過來說，如果一家店因為生意欠佳，只能看老闆臉色，讓人覺得時間過得很慢，老闆也只會抱怨，那麼員工的流動率就會很高。身為老闆不妨放寬心，試著與員工攜手合作，努力補強不足之處，唯有與員工建立良好的關係，店裡的生意才會越來越興隆。

員工不喜歡的幾種代表性的老闆類型

＊缺乏實力只會抱怨的老闆

＊會說「你在幹嘛？沒有在忙就去把地板擦一擦！」容不得
　員工休息的老闆

＊會說「喂，你給我去弄一下那個！」用命令的語氣講話的
　老闆

＊把店面交給員工，又像個旁觀者一樣說「你為什麼要這樣
　做？你要找到更可靠的方法呀！」之類風涼話的老闆

Chapter 07

打造減少疲勞的
廚房系統

　　如果是販賣餐點的店面，廚房的動線真的十分重要，尤其是外送型店面，要是廚房動線規劃得好，甚至還能省下1個人的人事成本，所以我們要仔細研究廚房營運和烹調動線，進行多次模擬後，建立一套有效的系統。

　　沒有效率的動線會增加工作中累積的疲勞，進而導致服務品質的下滑和人事成本支出。如果要重新調整建好的廚房，往往需要投入意想不到的鉅額費用。舉例來說，即使只是新增瓦斯油鍋或單純移動位置，也要進行瓦斯管線作業，還要向韓國瓦斯安全公司申請安全檢查，如果是委託代理作業，大概會產生5～60萬韓元的費用，同時店面在作業期間也無法營運，損失只會更加慘重。

廚房動線

考慮到外送餐飲店需要相對較高的商品周轉率,我們必須審慎評估烹調空間、儲藏空間(冰箱)、包裝空間(POS、包裝)、洗碗空間等所有動線,如果想要以最省力的方式營運廚房,具備高效的廚房系統是基本。

如果是營業額達到一定規模、常駐2人以上營運的外送餐飲店,就需要能夠將人員有效配置的廚房系統。舉例來說,1個人負責烹調和洗碗,剩下的1個人則負責準備餐點,接著把包裝好的餐點交給外送員。此時廚房最好可以設計2個空間,一個是主要負責烹調的空間,另一個是包裝

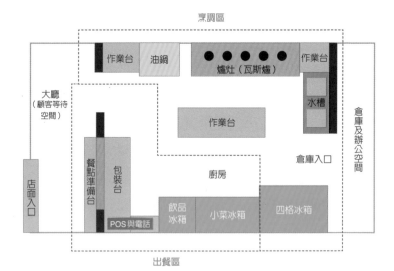

烹調完成的餐點的空間（但是絕對不要把兩個空間完全分開）。

如果是營業額在7,000萬韓元以上的外送專賣餐廳，在尖峰時段至少需要3名以上的人力，1個人主要負責烹調，1個人主要負責洗碗和準備食材，剩下1個人主要負責包裝，這麼做效率會比較高。如果可以分配好業務，讓洗碗的員工在餐點烹調時負責訂單的處理，運作效率又可以進一步獲得提升。

萬一廚房設計不當，往往會損失高達20%可能獲得的營業額。除此之外，在這樣的環境下處理業務的老闆和員工也會累積大量的疲勞，進而導致對工作本身產生厭惡感。事實上，如果你觀察餐飲店的廚房，每一間看起來或許都差不多，但是根據設計的人和設計的方式，往往會產生肉眼看不見的巨大差異。

舉例來說，如果洗碗空間太遠，就可能為工作帶來龐大的疲勞，這就是廚房設計的問題。外送餐飲店也和速食廚房一樣，在安排動線時，要讓一名員工在半徑1.5m內完成大部分的業務，並且儘可能讓他們伸手就能取得一切需要的工具。

一兩張桌子

有部分第一次挑戰開外送餐飲店的創業者，很喜歡擺一兩張讓顧客內用的桌子。究竟在大廳放一兩張桌子的做法是否正確呢？不，答案完全相反。第一次經營餐飲店的人往往會出於貪心想辦法多放一兩張桌子，但是老手反而會盡量少放幾張桌子，讓大家排隊，製造出顧客很多的景象。

開外送餐飲店也是如此，如果誤以為顧客會走進店裡用餐，想要接待偶爾會來的這一兩個顧客，反而可能破壞店面的形象。我之所以不建議在大廳擺桌子，有以下3個理由。

第一，如果顧客在店裡忙碌的時候走進來，工作的專注度就會下降。「老闆幫我倒一杯水。」、「老闆給我一根湯匙。」等等，尤其在尖峰時段，在為了餐點的烹調和包裝忙得不可開交的狀況下，往往很難應付顧客的這些要求。

第二，從顧客的角度來說，老闆看起來很忙，又有外送員一直進進出出，顧客往往會感到很有壓力，不能好好享受食物。這點時常導致顧客下次不願意再走進來，甚至連這家的外送都不想叫。

第三，就算店面再怎麼乾淨，也很難比自己家裡還乾淨，尤其是外送專賣餐飲店，往往很難顧及大廳的整潔，包裝容器也經常堆積如山，不管整理得再怎麼乾淨，還是很難比得過以內用為主力的店面。

萬一廚房設計不當，往往會損失高達20%可能獲得的營業額

　　基於以上這些理由，我們在創業初期不可以貪心，如果還有位置，不如設計充裕的倉儲空間，或者只準備一張小辦公桌，能夠讓自己在不會太忙的時候喘口氣喝杯咖啡。

　　如今，外送這門生意與其說是餐飲業，更接近網路銷售業，所以如果想要經營好外送餐飲店，店裡會需要筆電或桌上型電腦。在不忙的時候，與其呆呆地發愣，不如上網在顧客評論下方留言，或試著瀏覽其他店家的頁面，多方比較與學習。除此之外，在營運過程中，如果想要緩解長期幾乎都待在廚房裡的疲勞，不妨一邊聽自己喜歡的音樂，一邊放鬆一下，制定接下來的構想和計畫，並且整理好需要的物品。

濕式廚房／乾式廚房

　　如果有設計排水空間（trench），廚房地板是傾斜的，還做了防水工程，可以用水清潔的，就是濕式廚房；如果沒有做這些工程，只有鋪上磁磚，用抹布和掃把清潔的，就是乾式廚房。

　　實際上，要是廚房空間超過5坪，濕式和乾式在工程費用上的差距會高達400萬韓元，這在創業時是一筆很大的負擔。雖然採用便宜的乾式工程也能創業，但是如果需要處理的材料很多，而且要親自製造調味料和醬汁的話，我會建議一定要採用濕式工程。400萬韓元大約是2個時薪人員1個

月的人事成本，而做生意不是一兩天的事情，可能會做個好幾年，甚至幾十年也說不定，所以如果稍有不慎採用錯誤的廚房工程，在營運時除了要煩惱清潔問題以外，甚至可能還要花費更多的人事成本。不過如果大部分食材在進貨前都已經過一定程度的處理，或者是與連鎖店合作創業，那麼採用乾式工程也無所謂。在設計廚房時，比起要花費的成本，我們更應該根據烹調強度和條件做出合理的判斷與選擇。

Chapter 08

形形色色的
外送承包業者

很多人在開外送專賣餐廳時，往往很難區分外送平台業者（「外送的民族」、「Yogiyo」等）和外送承包業者的差異。我們時常可以在媒體和廣播上接觸到「外送的民族」，所以或許會先選擇與之簽約，但這不代表要做的事情就結束了。我們一定要與外送承包業者再簽一次合約，如果不與外送承包業者簽訂合約，在開業後或許會做不了生意，甚至落得必須親自送貨的下場。

如果是進駐大馬路旁邊一樓的店面，大多數外送承包業者人員都會攜帶名片來訪，即使不主動打電話過去，也可以了解簽約的整體流程。但是以外送產業的特性來說，大部分都會在地下室或2樓開業，因此主動找外送承包業者簽約才是明智的選擇。

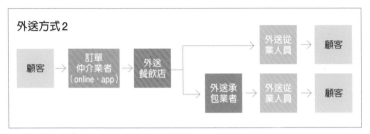

為二輪車餐飲外送從業人員推出的安全準則（來源：韓國僱傭勞動部）

　　外送承包業者指的是收取外送費（手續費）並專門負責外送工作的機構，隨著專業外送承包業者的出現，外送餐飲店不需要直接僱用外送員也能進行外送服務。外送承包業者的登場和外送平台的出現，共同改變了外食產業的格局，從業主的立場來看，可以不需要購買摩托車或支付保險費，也不用為外送員的出勤管理而煩惱，而原本最大的問題──外送員交通事故的風險負擔也隨之消失了。

　　目前規模比較大的外送承包業者有「barogo」、「LogiAll」和「VROONG」等等，此外，韓國全國各地也有其他外送承包業者在營業中。

在選擇外送承包業者時，千萬不能盲目相信品牌就貿然簽約

即使是同一個品牌的外送承包業者，在不同地區的服務、品質和合約條件往往會有所不同。舉例來說，雖然摩托車上同樣都貼著「barogo」的貼紙，但是根據地區不同，管理的好壞也可能有所變化，因此在選擇外送承包業者時，千萬不能盲目相信品牌就貿然簽約，一定要仔細研究他們的經營體系和員工管理狀況。

選擇外送承包業者的注意事項

（1）了解外送承包業者管理人員的經營理念

隨著外送承包業者的規模不斷擴大，與業者相關人員之間開會的重要性也逐漸提升，雖然公司的管理階層包含總經理、課長和董事等多個職位，但是大多數都是年輕人。在簽訂合約之前，我會建議先與大約3家業者的管理人員開過會以後再來談簽約，在開會時可以觀察管理人員的語調和個性，從管理人員對待外送員的態度，以及與業主商談時表現出來的模樣，我們可以確認這家業者追求的價值是什麼。因為與外送承包業者之間的合作可能會出現大大小小的問題，而許多衝突的發生往往都是由外送業者管理人員的心態所導致的。

（2）掌握外送員人數

　　雖然合作的外送員多不代表品質好，但是唯有配合大量外送員的業者，才能迅速把業務處理好，我們最好選擇外送員、加盟店與顧客比例適當的穩健公司。在開業前的商談時，對方或許會強調他們在當地有最多的外送員，但是這樣的業者通常也簽了很多加盟店，所以在訂單量較大時，有不少業者可能還是無法消化。

（3）尋找懂得管理外送員的業者

　　過去社會上對於外送員的印象不是很好，所以很多業者為了擺脫既有的形象，做出了各種努力。有些業者會定期進行安全教育和顧客應對訓練，有些業者會統一訂做制服，有些業者甚至還規定嚴禁外送員在顧客面前露出紋身。除此之外，有些業者還建立回報系統，如果看到其他外送員的服裝或態度有問題，就要向主管報告，並且進行修正。雖然有人可能會認為沒有必要做到這種地步，不過考慮到業者的管理品質與外送員責任感的提升，也可以將其視為改善整體形象所付出的努力。因為外送員是最後將加盟店精心製作的餐點送到消費者手中的人，所以我們一定要和懂得管理外送員的業者合作。

即使是同一個品牌的外送承包業者，在不同地區的服務、品質和合約條件
往往會有所不同

　　不管是多好的業者，如果管理人員與業主之間不合，合作關係往往難以延續，餐點的配送也會出現問題。即使是別人不怎麼推薦的業者，只要培養好感情，也不會有什麼太大的問題。外送業者的好壞，終究還是取決於業主本身。

Chapter 09

在負評中
生存

　　經營外送專賣店的老闆，沒有人能夠平靜看待一顆星評價，除非餐點組成有問題或味道不對，否則一星或二星評價通常都是由於店家的失誤或處理不當而產生的，此時就需要迅速謹慎地處理，引導顧客修改或刪除評論。每當出現這種評論時，老闆往往會感到非常驚慌失措，因為評論會立即影響到營業額，所以心態就會受到動搖，越是這種時候，就越是應該冷靜應對。

　　顧客的訂單編號會保留３個小時，如果是店家不小心犯了錯，就應該盡快與顧客聯繫，誠摯地道歉，並且退款或更換商品，在解決問題後，也要再次發送簡訊表示誠意，才有機會成功扭轉顧客的印象。

〔圖片 9-1〕是顧客評 1 顆星的常見案例，讓我們來看看老闆對於顧客評論的回覆策略吧！

有些餐點不是每個人都喜歡，這是理所當然的事情，在家裡煮飯也會遇到大家都說很好吃，但是自己卻覺得很普通的時候不是嗎？同樣的情況也可能發生在餐飲店上，所以盡量不要太在意顧客對於味道的評價，最好的處理方式是如圖所示這樣簡單明瞭地回應，千萬不可以做出像「味道哪裡普通了？」、「辣椒粉是按照標準配方添加的，難道不是客人您的味覺有問題嗎？」、「雜菜不可能有異味，我們都是現做的，不可能會有這樣的問題。」等推卸責任的情緒化回覆，尤其如果太過感情用事，就要做好接受負評洗禮的覺悟。我要再次強調，身為老闆必須勇敢地接受這些評價，用簡潔有力的道歉來結束對話，這就是最好的報復了。

〔圖片 9-1〕顧客在主觀上不滿意外送餐點的情況

　　如果是像〔圖片9-2〕這種情況，不妨當作這則評論反映了顧客當天的心情，他們或許在外面遇到了倒霉的事情，或者雖然餐點有問題，但是又覺得沒有特地向店家反映的價值，所以才給1顆星，這屬於十分極端的狀況。此時，我們可以透過反問顧客的道歉方式來回覆評論，除了這名顧客以外，也要讓其他客人在看到這則評論時，感受到老闆有在用心對待顧客，給予真誠的道歉，表現出努力的姿態，這些往往更為重要。

〔圖片9-2〕沒頭沒尾的一星評價

〔圖片9-3〕因為失誤不小心漏送評論活動贈品或搞錯的情況

　　如果是像〔圖片9-3〕這種情況，很明顯就是店家的失誤，要是距離很近，最好迅速送出2倍的活動贈品，萬一正處於尖峰時段無法立即處理，也應該先打通電話致歉。考慮到顧客評1星評價所帶來的負面影響，業主絕對不能忽視這樣的顧客，這不僅是面對單一顧客，萬一處理得不好，還可能導致一口氣流失100位顧客的窘境，所以一定要審慎應對，如果處理得當，有時候甚至可以讓失望的顧客成為我們的粉絲，就算不至於要退款，也不妨提議在對方下次訂餐時提供額外的贈品，我們必須用盡一切方法，阻止顧客頭也不回地轉身離去。

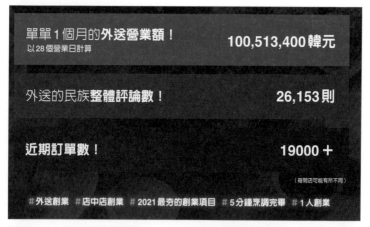

單單1個月的**外送營業額**！ 以28個營業日計算	100,513,400 韓元
外送的民族**整體評論數**！	26,153 則
近期訂單數！	19000＋

（每間店可能有所不同）

#外送創業　#店中店創業　#2021最夯的創業項目　#5分鐘烹調完畢　#1人創業

〔圖片9-4〕在面對低星評價時，我們必須迅速謹慎地處理，爭取評論獲得修改的空間

就算在電話裡向顧客道歉，並且請求對方的諒解，顧客也不見得願意刪除或修改評論，考慮到其他顧客所看到的形象，最好像〔圖片9-5〕一樣詳細說明情況，並且鄭重地發長文致歉，絕對不可以單純說「我們不小心失誤了，對不起。」就結束對話。萬一顧客沒有接電話，不妨在評論中留言或傳簡訊請求對方聯繫，業主應該表現出真心誠意的道歉。

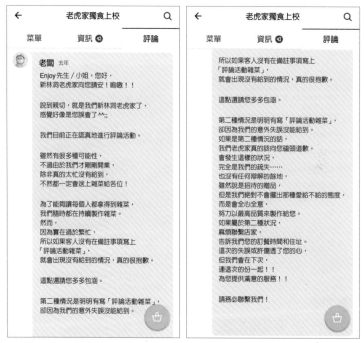

〔圖片9-5〕寫道歉回覆的技巧

　　如〔圖片9-6〕所示，萬一餐點送錯，顧客就會不高興，甚至可能給出負評。有時候送來的餐點價格比原本訂的還貴，顧客的不滿通常會比較少，此時我們只要請求對方的諒解，讓顧客不需要加價直接享用即可。但是如果反過來，送來的餐點比原本訂的還便宜或價格相仿，顧客往往很難一笑置之，此時我們就應該從顧客的角度出發，認真看待並表達歉意。

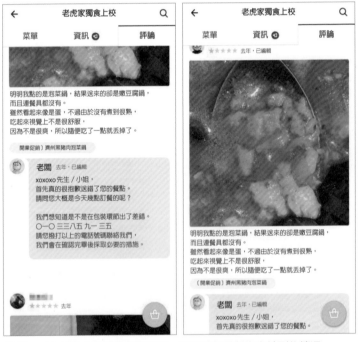

〔圖片9-6〕把客人訂購的餐點送錯，而且連餐具都沒有給到的情況

「我餓著肚子等食物等了整整1個小時，竟然還給我送錯餐點！」

在這種情況下，即使聯繫對方致歉，通常也只有挨罵的份，此時面對顧客的抱怨，我們必須照單全收，因為不管是員工的錯，還是老闆的錯，顧客不滿的根源終究是在店裡，所以也只能接受。我們不妨先聆聽顧客的心聲，直到他們的情緒稍微穩定過後，再禮貌地向對方道歉，並且找機會親自打電話溝通。如果顧客沒有回應，或推測顧客可能在上班時間，最好在打電話前先傳簡訊過去。我們要盡快調整好心情，找到避免重蹈覆轍的方法，畢竟第一次顧客或許還願意體諒，但是只要有第二次，就不太可能獲得原諒了。

如〔圖片9-7〕所示，出現異物的情況往往讓人感到極為尷尬。最常見的異物是頭髮，即使餐廳清潔得再乾淨，衛生管理得再好，異物的有無還是會讓餐廳在營

← 　老虎家獨食上校　 　Q

菜單　　　資訊 ◀　　　　評論

（濟州黑豬肉泡菜鍋）這是我第一次在這家店點餐，因為評價很高，而且大家的留言看起來都不錯，所以我才決定試一試。在餐點送來後，當我打開包裝盒時，就看到有像是豆子之類的東西浮在上面，是菜單圖片上沒有看到的，雖然覺得有點詭異，不過我還是開始吃，吃一吃就看到了豆子的背面。
兩側好像有黃色的斑紋，還有像翅膀一樣的東西凸出來？我嚇了一大跳，用湯匙撈起來，一邊轉一邊仔細觀察，不管怎麼看，都像是一隻身體斷裂的瓢蟲，剩下的部分是不是被我吃下去了嗎？想到這裡，我的肚子就覺得好不舒服……。在寫這篇評論時，我已經把剩下的餐點都丟掉了，或許是我弄錯了也說不一定，所以也希望你們能回答我，有沒有使用那種豆子呢？
還是真的有瓢蟲跑道食物裡了呢？……

〔開業促銷〕濟州黑豬肉泡菜鍋

〔圖片9-7〕餐點裡出現異物的情況

運過程中持續處於緊張狀態，而且另外一個問題是，這沒有100% 完美的解決方案。就拿頭髮來說，實際上也無法證明那究竟是顧客的頭髮，還是在烹調過程中掉落的頭髮，不過無論如何，我們還是先道歉吧！如果是吃到膠膜、塑膠、菜瓜布、蟲子，那問題就比頭髮還嚴重了，應該立刻透過電話跟顧客道歉。或許是由於外送型商家大都是小本經營，所以顧客不太會像對待大型餐廳那樣要求額外賠償或索取錢財，即使獲得顧客的諒解，至少也要進行最基本的退款程序，並且讓顧客下一次訂餐免費，或者提供更多的補償。

在遇到有異物的客訴時，情緒化的反應無異於把自家店舖推到懸崖邊。「大家在廚房一直都是戴著帽子工作的，怎麼可能會掉頭髮呢？這位客人請你再次檢查看看是不是自己的頭髮。」之類的回覆是最糟糕的，通常會導致店家的營業額急劇下滑，畢竟店家自己就在攻擊客人了，根本輪不到客人來攻擊店家，實在是令人惋惜。

在面對顧客的評論時，我們一定要保持冷靜和理智，按照本書提供的行動準則沉著應對，這才是穩定經營外送型商家的最佳方法。

Chapter 10

餐飲店常見失誤
與應對的10種方法

開外送餐飲店不管生意忙不忙，都會出現大大小小的失誤，每天發生至少1件以上都是家常便飯。正如我在前面提到的，外送餐飲店很難立即處理失誤，往往會導致尷尬的情況發生，所以經營店面的老闆壓力指數也很高。

不管是員工的失誤、外送員的失誤，甚至是顧客的失誤，都會歸咎於經營店面的老闆，所以店開久了，往往會發現老闆開始具備菩薩悟道的心態，抑或是不輸實力派演員的演技。讓我們來檢視一下在專家眼裡，外送餐飲店有哪些常見的失誤與應對方法吧！

出錯餐點時

對於訂餐後至少要等上30分鐘到1個小時的顧客來說，這種情況一定會生氣。如果出現客訴的話，就要盡快重新配送餐點或退還餐點費用，萬一顧客的氣還是沒消，我們可以先退款，再提供下次免費訂餐的優惠，只要這麼做，通常都能夠解決問題。面對這種情況，我們一定要透過電話聆聽顧客的聲音來解決。

不小心遺漏餐點或評論活動贈品時

這是員工們最常見的失誤，遺漏飲料、副餐、評論活動贈品的事情往往層出不窮。在這種情況下，我們首先要向顧客道歉，承諾會在他們下次訂餐時，額外提供這次失誤遺漏的餐點和贈品。萬一顧客的氣還是沒消，就應該迅速送上遺漏的品項，最好可以再加上打折或退款。我們要承受一點損失，才能夠獲得更大的利益。

外送員拿到其他顧客的餐點時

此時要盡快打電話通知外送員處理，通常在多張訂單重疊時，就很容易出現這樣的失誤，並且在幾分鐘內就會意識到問題。在外送員拿餐點時，業主或員工最好先確認外送住址和餐點，以減少失誤的可能性。

遺漏湯匙等免洗餐具時

　　如果顧客打電話過來，一定要好好道歉，有些顧客甚至會要求店家快遞筷子或湯匙過去，因為這是店家的失誤，而且也無可辯駁，所以即使必須支付3,800韓元的運費，也要幫顧客送過去。有些會因為少了免洗餐具而感到不滿，進而要求退款，所以我們必須盡全力應對，再嚴重一點還有人會把餐點退回來，此時我們的心態可能會受到很大的影響，一定要多加注意。

有餐點在配送過程中灑出來時

　　在配送過程中，一旦減速或轉彎，餐點就會受到晃動的影響，嚴重一點食物就可能灑出來。有些人會因為灑出來一點食物就客訴或要求退款，此時如果店家有做好完美的包裝，或許就能夠歸咎於外送員的失誤，所以我們必須仔細查證，從外送業者那裡拿到一部分餐點費用的補償。

讓異物跑進餐點裡的失誤（蟲子等）

　　不需要多說什麼，應該立即道歉並採取退款等措施。

接到的訂單裡有餐點缺貨時

如果不小心接了含有缺貨餐點的訂單，就必須打電話給顧客，引導他們訂購其他餐點或要求取消訂單，由於外送平台的特性，如果棄單會對店家產生不良影響，所以我們應該提前防範這樣的失誤。

不小心遺漏顧客的備註事項時

萬一接到無法滿足的備註事項，不妨先打電話給顧客進行說明，讓他們了解店家的情況，但如果是由於店家員工的失誤而遺漏了顧客的備註事項，最好立刻打電話致歉。

開外送餐飲店不管生意忙不忙，都會出現大大小小的失誤

外送員在配送過程中掉落或遺失餐點時

此時應該向顧客說明確切情況並進行退款處理，後續再與外送業者協商，以獲得部分或全部金額的補償。

外送員把餐點送到錯誤地址時

明明餐點送過去了，顧客卻表示沒有收到，第一次遇到這種情況時，實在讓人感到頭昏腦脹，眼前一片漆黑，不過只要經歷過幾次後，雖然沒辦法立刻掌握狀況，但是大概可以知道是外送員把餐點放在門口，或是把「洞」[15]和「號」看錯之類的失誤。要是及早發現，或許還能把餐點重新送過去，但是萬一已經過了一段時間，就得要向顧客道歉和補償。在面對顧客時，我們要爽快地幫他們處理，再與外送業者協商，獲得金錢上的補償。

與顧客通話時的實戰技巧！

我們不可以直接承諾無條件退款，一開始應該先表示「我們會重新為您配送」、「真的很不好意思」，向對方道歉，接著顧客聽到要等40～50分鐘，可能會感到失望甚至生氣，等到這個時候再提議退款，才是最好的做法，不可以

---

15 韓國行政區域劃分的單位之一。

讓顧客覺得店家只是想要退款就草草了事。除此之外，如果
店家提到退款，顧客可能會誤以為店家是在強迫自己接受退
款，對此感到更加不滿，所以在採取退款措施之前，我們一
定要經過審慎的評估，並且掌握充分的理由。

PART 03

學習將利潤
最大化的祕訣

靠味道決勝負的時代已經過去了，隨著外送連鎖店的擴張，味道開始出現平均化的趨勢，無論是連鎖店還是獨立經營，如果單純專注在味道上，試圖藉此展現差異化，沒有顧及其他的部分，只會漸漸地遭到外送市場淘汰。唯有做好宣傳、顧客評論、衛生與配送等細節的管理，在這些條件的支持下，才能成為備受消費者信任與青睞的業者。因此，我們制定的經營策略必須抓住消費者的心，進而贏得他們的信任，接下來就讓我來公開這些管理的祕訣。

Chapter 01

創造營業額就從
行銷開始

　　有企業顧問專家表示，所有公司都可以分為兩種類型：
革新型企業與行銷型企業。革新型企業就是像「Apple」、
「Amazon」、「Uber」、「Kakao」、「Naver」等等，而行銷
型企業則是透過銷售某種特定產品來產生收益，僅有10坪
的小小外送型商家也是如此。

　　我經營了10年的直營店，還做了連鎖加盟事業，但是
我從未甘於當個中小企業主，身為企業家和經營者，我一直
專注於創造最大的營業額，為了擴展業務，並且在其他競爭
者中脫穎而出，我努力提升自己的實力，對每一份餐點負
責，在店舖營運和行銷上也竭盡全力。如今，餐飲店光靠味
道決勝負的時代已經一去不復返了，當然，老字號餐廳就算

服務不太周到或衛生條件不佳，生意還是很好，但是我們不能跟他們比，而且即使手上握有祖傳祕方，他們也不可能永遠只靠一個祕方打天下，那麼我們應該追求和努力的是什麼呢？

最重要的一點在於市場行銷，外送創業通常以年輕族群的成功率較高，就是因為他們相對善於充滿活力的行銷活動。如果是內用型店面，會需要部落格的流量曝光、以及在「Instagram」、「Facebook」、「Naver Cafe[16]」、「Kakao Talk」上的行銷；如果是外送產業，就需要持之以恆的研究，在平台上與其他業者做出差異化。

行銷的出發點是商圈分析，首先，如果選定了一個商圈，就要了解居住該範圍內的人口比例（公司、1人商圈、居住商圈、綜合商圈等）、經濟狀況、消費傾向，以及有哪些經營良好的餐飲店，藉由這些資訊進行全面的市場調查，尋找適合市場的正確產品，這件工作本身就是行銷的起點。

當然還有一種方式，那就是先選定自己要做的產品，再來尋找適合的商圈（能夠取得成功的地方）。在確定產品和商圈以後，就應該學習外送平台（「外送的民族」、

---

16 韓國的行動部落格平台之一。

「Yogiyo」、「Coupang Eats」等）的使用方式，除了自己想要銷售的產品以外，還需要觀察所有領域的店鋪排名，以及排名前3～5家無論是評論還是訂單都很多的業者。

外送費要多少、優惠券怎麼使用、如何回覆顧客評論等等，這些沒有經驗的事項都需要仔細檢視，有些人抱持的想法是：「大概就是這樣做吧？只要態度親切就好了，我要靠味道來決勝負，主要客群是年輕人，所以主打創新的餐點

尋找適合市場的正確產品，這件工作本身就是行銷的起點

比較好。」像這種粗淺的經營策略是很危險的，我們千萬不可以草率看待營運相關的細節，在策略尚未明確的狀態下創業。除了基本的市場調查以外，還要試吃同產品競爭對手的餐點，如果想開辣炒年糕店，那麼吃吃看當地排名前 3 ～ 5 家業者的辣炒年糕自然是免不了的功課。

　　創業要做的事情真的很多，在各種準備工作的壓力下，有些人會喪失原本能夠一肩扛起多種行銷模式的自信，煩惱了半天甚至連第一步還沒跨出去就放棄了，也因此做餐飲業要成功並非易事，畢竟一切的成功都伴隨著痛苦。如果想要逃避痛苦的過程，或者鬆懈下來，心態過於安逸，投資的資金就會打水漂，落得兩手空空、關門大吉的下場，但是只要下定決心，每天努力奮鬥的話，也能比普通上班族的生活享受到更多樂趣。

　　短則 3 個月，最少 6 個月以上，只要持之以恆地做好行銷工作，就能讓店面的營運穩定下來，也可以多點餘裕僱用員工，享受自己的人生。衷心盼望各位都能夠好好堅持，認真地學習、調查與付諸實踐。

Chapter 02

分析外送商圈就能
看見答案

　　如果想要靠外送專賣店取得成功，就必須學會如何調查
商圈，包含開店區域周邊的商圈、公寓社區、居住族群的特
徵等等，如果是商務大樓的話，還要考量到辦公室的規模，
以及在當地上班族群的消費水準，如果大多都是套房的話，
就要了解他們的年齡層分布，還有大概都從事哪些職業，唯
有對於這些資訊進行詳細的調查，下一步才能制訂出符合顧
客需求的行銷策略。

　　▶ 外送專賣店創業的流程

　　A. 先決定產品，再尋找商圈

　　B. 先決定商圈，再決定產品

根據創業的流程屬於Ａ還是Ｂ，商圈的調查方式也必須有所改變。

首先，讓我們來看看像Ａ這種先決定產品再尋找商圈的流程。在韓國首爾，外送最激烈的地方是江南、新林、木洞、松坡，另外大田有儒城區，水原市則有餅店等等，這些都是外送產業特別活躍的地區。如果產品新鮮、剛開始流行不久，而且又是當紅的品牌，就一定要搶先占領這些地區，越早開業就越有優勢。

近年來某間很夯的辣炒年糕品牌，在開始流行以後，就在主要區域開設店舖，花費了將近4,000萬韓元的創業成本，每個月獲利超過2,000萬韓元，這就是在決定產品後尋找對應商圈的典型成功案例。不過由於外送產業的特性，如果距離自己居住的區域要開車30分鐘以上，往往很難長期經營下去。

如果是外送型商家，要避免把營運工作完全交給員工，唯有老闆親力親為參與營運，才能夠順利迅速站穩腳跟，畢竟員工絕對不會主動與顧客溝通，而這就是老闆要做的重要工作，所以如果找到了值得經營的優秀產品，一定要考量居住地區的問題。

如〔圖片2-1〕所示，在決定商圈以後，我們要針對該區域進行分析與調查。如果你不知道該從哪裡做起，以及

如何開始研究，可以使用韓國「中小業者振興商圈分析系統」，只要在網站上註冊，就能夠免費獲得詳細的分析資料。在註冊後，就可以像〔圖片2-2〕一樣設定2公里半徑進行詳細的商圈分析，以下讓我們以新林的「老虎家獨食上校」為例，檢視一下他們的分析資料。

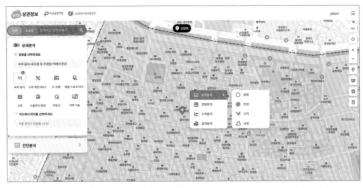

〔圖片2-1〕只要輸入正確的地址，就能夠以設定的半徑進行商圈分析

〔圖片2-2〕任意選擇一間辣炒年糕專賣店後，該店家在1.5km以內的商圈綜合評價

177

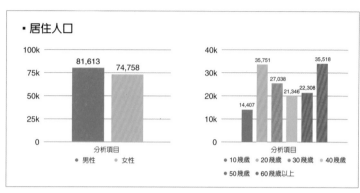

〔圖片2-3〕居住人口分析＿雖然60幾歲以上的人口也很多，但是主要還是以20、30幾歲為主

按社區規模及面積分類的現狀檢視							
劃分標準		～300戶	300～500戶	500～1,000戶	1,000戶～1,500戶	1,500戶～2,000戶	2,000戶以上
社區規模	個數	45	2	8	1	1	0
	比例	78.9%	3.5%	14.0%	1.8%	1.8%	0.0%

劃分標準		未滿66㎡	約66㎡	約99㎡	約132㎡	165㎡以上
社區規模	個數	7,328	4,393	1,228	0	0
	比例	56.6%	33.9%	9.5%	0.0%	0.0%

劃分標準[17]		未滿1億	1億多	2億多	3億多	4億多	5億多	6億多
社區規模	個數	3,128	1,246	3,734	3,515	1,181	145	0
	比例	24.2%	9.6%	28.8%	27.1%	9.1%	1.1%	0.0%

〔圖片2-4〕大部分都是由小型公寓和套房組成，坪數小，每戶的構成人數也較少

---

17 編按：這裡的劃分標準為住宅的價位（單位：韓元）。

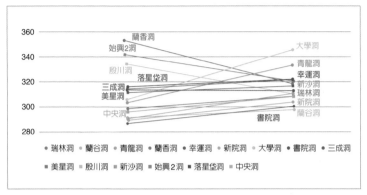

〔圖片2-5〕居住人口與通勤人口的比較 __ 顯示了哪個地區的人口相對較多

　　如果公寓社區較多，不妨試著用以〔圖片2-3〕、〔圖片2-4〕、〔圖片2-5〕的方式來掌握戶數，並且直接畫在紙上，住宅區也是如此，要想掌握每個社區的大概戶數和人口數，進而攻略該區域，就必須做好商圈分析。

　　接下來，讓我們來看看像B這種先決定商圈，再選擇產品的情況。首先，我們需要針對周邊商圈那些最暢銷的外送專賣店進行調查，不妨馬上打開「外送的民族」，按區域類別觀察加盟業者的訂單數、評論數、熱門餐廳排名，了解一下在那個商圈裡，哪一種產品比較熱賣、哪個價位的產品賣得最好，這些都可以輕鬆比較出來。透過眼睛來確認往往也會有所幫助，所以下一步我們要實際走訪篩選出來的店家，

畢竟對於未來可能成為競爭對手的業者，在現場親眼觀察外送摩托車來來往往的樣子，和只有在螢幕上滑過去是截然不同的。

下一步，我們不妨找找看在其他區域比這些選定的店家還更熱賣的產品，試著預估營業額的方法往往也很有用，如果Ｂ新創品牌比Ａ知名品牌還要暢銷，那就應該盡快在該商圈發展Ｂ品牌。

做生意要成功有一半取決於信心，在準備創業時，我們一定要相信自己可以把生意做好，如果懷著半信半疑充滿不確定的心態出發，那麼一定不會成功，因為在這種心態下，就沒辦法指望自己會盡最大的努力來獲得最好的結果，不如嘗試投入別的事情。如果你想賭上人生在外送產業一決勝負，但是缺乏經驗的話，我會建議你先在外送專賣店工作１個月以上，親身體驗往往就是最快的學習方式。

Chapter 03

插旗畫地

　　旗幟就像自家店面的領地標示一樣，因為在自己插旗的範圍內可以聚集外送訂單，進而形成商圈。首先，我們在考量要在哪裡和如何插旗時，不妨先打開「Kakao Map」[18]，只要輸入店面的地址，如〔圖片3-1〕所示，在地圖上就能準確看到店面的位置。

　　在打開「Kakao Map」後，畫面的右側就會出現一個縱向的視窗，只要點擊「半徑測量」，在商圈的位置拖動，如〔圖片3-2〕所示，半徑就會以粉紅色顯示。讓我們拖到半徑1.5公里為止，只要再次左鍵點擊按鈕，再按下右鍵，就可以精確地留下1.5公里的半徑。

---

18 韓國地圖APP，類似台灣常用的「Google Map」。

〔圖片 3-1〕地圖上的店面位置

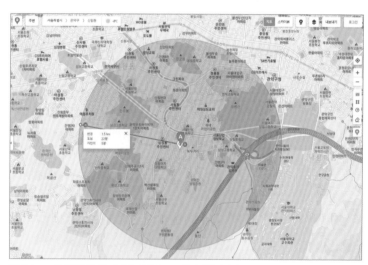

〔圖片 3-2〕只要點擊「半徑測量」，就會顯示半徑

在第一次創業時，專注於搶占距離較近的1.5公里以內的商圈，會比較有優勢，畢竟外送這一行是速度戰，烹調完畢的餐點配送速度要夠快，才能夠準確傳遞產品的味道，所以如果店面離訂餐的地區越近，顧客的滿意度通常就會越高，而且萬一距離太遠，也會拉高外送費。

接下來，要將外送區域的各個區塊分開檢視，唯有如此才能在未來衡量旗幟的效果，如果有些地區效果不彰，就可以考慮將旗幟移動到其他地區。

首先，我們要在面積測量中點擊左鍵，透過連續點擊左鍵，讓店面周圍形成四角形，面積越大越好。像〔圖片3-4〕一樣分成幾個區塊後，只要點擊右鍵，區塊就設定完畢了。針對1.5公里半徑內的其他地區，如第2步所示，將要攻略的地區劃分為商業區、住商大樓、住宅區、公寓等來分析。

接下來，我們要選擇插旗的區域，為了在畫面曝光上更占優勢，與其把半徑設定成500公尺，不如設定成300公尺，更密集地進行攻略。

① 左鍵滑鼠按住半徑按鈕

② 按下左鍵，點擊自家店面附近的位置

③ 在達到半徑300公尺後，再次點擊左鍵

④ 只要點擊右鍵，就會精準留下300公尺半徑

⑤ 重複第4步畫圓，盡量不要留白

　　如〔圖片3-3〕所示，我們剛開始先在地圖上的新林地區設置11個旗幟。與其像地圖右側一樣讓300公尺半徑內不產生圓的交集，不如像〔圖片3-4〕一樣讓他們產生交集，更容易被顧客們看到，在剛開始最好多製造交集。

　　視覺上大量的曝光會提高宣傳效果，初期的旗幟可以根據地區設定更窄的半徑（1公里），把旗幟插得更密集。等到3個月左右外送營業額穩定之後，再進一步稍微擴張1.5公里半徑的區塊，以便吸引更多的新顧客，不過此時也必須考量到外送承包業者的情況與外送費。

尋找適合市場的正確產品，這件工作本身就是行銷的起點

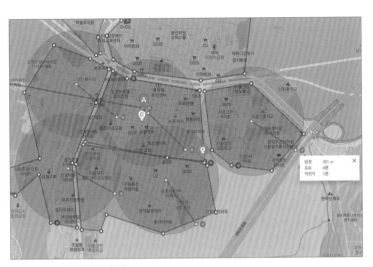

〔圖片3-3〕在地圖上插旗

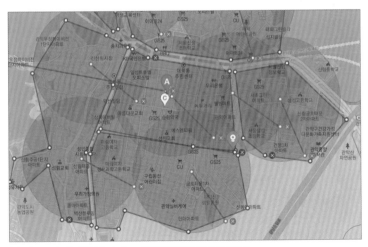

〔圖片3-4〕多多製造交集，爭取曝光讓顧客們看到

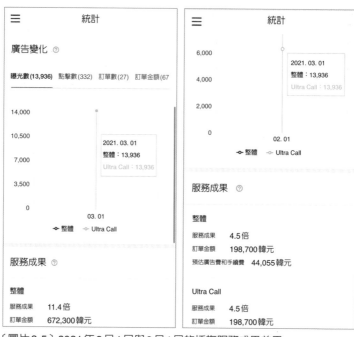

〔圖片3-5〕2021年2月1日與3月1日的插旗服務成果差異

與其將品牌分散在韓式料理、燉菜湯品等類別中插旗，不如集中在一個類別進行插旗的工作，從長遠的角度來看會更有利。如果旗幟缺乏成效，可以每1至2週移動一次旗幟，但最好至少先觀察3週以上，萬一還是沒有訂單再來考慮移動。如果想要搶占外送訂單較多的週五、週六和週日，旗幟的移動就必須在週五上午進行。

　　旗幟位置的選擇往往會直接影響到營業額，所以我們需要透過持續的努力來找到能產生最大服務成果的地方。如〔圖片3-5〕所示，可以發現在投入相同廣告成本時，服務成果之間存在著11.4倍和4.5倍的巨大差異。最終即使投入的廣告成本相同，產生的營業額根據插旗的區域分別為672,300韓元與198,700韓元，其差距十分巨大。

Chapter 04

經營策略也包含了
障眼法

　　有句著名的成語典故叫做「知彼知己，百戰不殆」，意思是如果對於敵我雙方都了解透澈，即使打仗打一百次亦能立於不敗之地。到了現代，這句話不僅適用於戰爭，也適用於存在目標的事業領域，而小資本外送創業亦是如此。尤其是那種第一次開外送餐飲店的新手創業者，或者雖然擁有餐飲業經歷，但是若沒有外送經營經驗，也沒有外送創業的相關知識，更應該把這句話銘記在心。

　　在零接觸服務領域迅速成長、基礎設施漸趨完備的今日，外送市場的持續發展是有目共睹的，直接或間接地察覺到這種趨勢的企業家，也正紛紛迅速投入外送市場，不過另一方面，大家對於相關資訊的缺乏也是事實。「不要還沒買

過就想著要賣」，這句話是做生意的基本概念，然而，在投入外送創業的人裡面，從來沒有用外送平台訂過餐的人出乎意料地多，而最大的問題就源自於此。既然不懂，就應該好好學習，但是跟其他的領域相比，大家學習的熱情往往沒有這麼高，原因就在於認為自己「已經差不多懂了的錯覺」。很多人多少都在內用型店面，也就是實體店面當過顧客，或者以打工的形式工作過，他們通常會自以為擁有一些直接或間接的經驗，並且嘗試將這些經驗應用到外送創業上。

然而，正如我在前面所說的，內用型店面和透過仲介平台營運的外送型商家雖然同樣都是在販賣餐點，可是其宣傳方式和受到顧客選擇的過程截然不同。比如就以銷售手機殼來說，在路邊攤上要賣得好，和在線上商城 Naver Smart Store 等網路上暢銷，兩者所需要的能力是不同的，而餐飲業的銷售亦是如此。

內用型店面需要透過室內裝潢、招牌、桌子、燈光、小配件等外部氛圍和整齊衛生的環境等空間要素來表現其理念和營運哲學，反之如果換成外送創業，這些要素就會替換成外送平台上自家頁面上的裝飾設計。

內用型店面就算才剛起步，為了創造外部氛圍，以及屬於自己獨特的概念，自然必須花費大量的時間和金錢來準備。另一方面，外送型商家則需要製作相當於門面的商標和

縮圖，準備誘人又統一的菜單照片，設計橫幅與充滿巧思的活動。然而，很多人往往吝於把成本投資在外送平台上，努力把自家店舖的資訊設計得美觀一點，縱使花費的金額不到內用型店家裝潢的十分之一也是如此。

我要再強調一次，內用型店面和外送型商家創業屬於不同類型的銷售方式，不是只要把食物做得好吃，自然就會有生意上門，而是必須將其視為另一門事業。有些人或許會覺得，只要一個空間就可以把產品，也就是餐點製造出來，所以外送只是方便順手的附加服務，盲目地認為外送這門生意不過是內用餐飲的延伸，這樣的想法是不行的。因此，如果

顧客在意的是最低訂餐金額和外送費

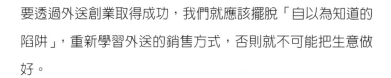

要透過外送創業取得成功,我們就應該擺脫「自以為知道的陷阱」,重新學習外送的銷售方式,否則就不可能把生意做好。

這次讓我們站在顧客的立場上,思考一下購買的過程吧!我們可以觀察叫外送的顧客表現的行為、想想自己點餐的時候,抑或是和朋友們一起叫外送的時候。叫外送最快也要等30分鐘,通常都要等上1個小時左右,除非是吃特別的大餐,不然一般來說都會在10分鐘以內比較完5~7家店後再點餐。在打開外送平台後,顧客第一眼看到的是類別,試想我們今天想吃辣炒年糕,所以在眾多類別中點進了小吃類別(以「外送的民族」為準)。首先可以看到頂部公開名單廣告的3處縮圖,而在下面的 Ultra Call 廣告中,我們可以看到有插旗的所有競爭業者,如果能在其中靠著吸引目光的縮圖或店名被顧客選中,或者營運的是當紅餐飲品牌,獲得點擊的機率就會上升。

除此之外,我們還可以在旁邊看到評分和訂單數,在評分4.9(100+)對比4.4(30+)的條件下,顧客自然會選擇評分較高的4.9、訂單數較多(100+)的餐廳,因此,外送餐飲店前3個月的營運至關重要,如果評分下滑到4.8以下,等到新店家標章消失以後,要再提高評分、增加營業額

就非常不容易了，所以我們必須竭盡全力在3個月以內達到
4.8（100+）以上的成績。

標題旁邊顯示的是優惠券、外帶和新店家標章，如果
可以的話，這個部分應該全部呈現出來，除非外送生意實在
是太好，好到應付不了外帶的顧客，不然就應該加上外帶標
誌，有非常多經營外送生意的人都不曉得這點。

另外，顧客真正在意的，其實是最低訂餐金額和外送
費，以最近的趨勢來說，外送費至少設定為1,000～5,000
韓元，也有很多店家會主打免外送費。有網路商店在過去曾
經做過一個有趣的實驗。

那就是「在不能比較價格的條件下，哪一邊的訂單會更
多呢？」的實驗，顧客通常會傾向於購買免運費的那一邊。
克里斯·安德森（Chris Anderson）的著作《免費！揭開零

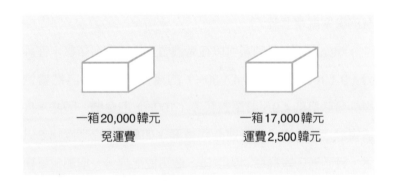

一箱20,000韓元　　　　　　一箱17,000韓元
　　免運費　　　　　　　　　運費2,500韓元

定價的獲利祕密》（*Free—The Future of a Radical Price*）中也有類似的實驗。

A以200韓元的價格販售1,000韓元的巧克力，同時B以100韓元的價格販售200韓元的巧克力，此時大部分的人都傾向於選擇那800韓元的價差，所以每10個人裡面就有9個人購買了A。然而，當A的巧克力賣100韓元，而B的巧克力免費的時候，10個人裡面卻有8個人選擇了B的免費巧克力。這項實驗結果是不是很有趣呢？

人類的這種心理同樣適用於叫外送的時候，所以有部分生意好的連鎖店會將外送費加到餐點費裡，如果訂餐金額超過一定的最低額度，顧客就能享有免運費的優惠。這是一種策略，與其強硬地收取外送費讓訂單減少，不如以免運費作為誘餌來吸引顧客。

尤其以外送生意來說，稍有不慎就很容易陷入即使銷量不錯卻仍然無法獲利的結構，這往往與餐點定價、人事成本和最低訂餐金額有關。客單價15,000韓元以下的餐飲店如果草率採用免運費策略，即使有1億韓元的營業額，也可能會面臨虧損，對於這點我們一定要多加注意。

設定最低訂餐金額的初衷是作為最低限度的防禦措施，防止老闆因為外送產業的競爭而面臨虧損。因為如果顧客只買一碗7,500韓元的泡菜鍋，扣掉外送費和手續費後，實際

上根本毫無利潤可言，如果把最低訂餐金額設定為9,000韓元或10,000韓元，顧客或許就會再多點個餃子之類的配餐來吃。然而，由於現在競爭太激烈了，有些店家的最低訂購金額會設定成3,000韓元起，因此我們應該觀察競爭業者的策略，從相對的觀點採取對應的措施。萬一只有自己設定得太高，吃虧的就會是自己，所以如果競爭業者的最低訂餐金額很低，即使要提升餐點的定價，不妨也跟著設定得低一點。

顧客點進來以後，第一眼看的大部分都是菜單，所以我們必須放上詳細的說明、價格與高品質的照片，讓顧客對於熱門餐點有所認識。除了頂部的6種代表餐點以外，還有可以在下方的菜單中添加照片的功能，無論是在「外送的民族」、「Yogiyo」還是「Coupang Eats」，最好都盡量放上大量的照片和資訊。

以上的過程真的很不容易，每一步都要繃緊神經，時時刻刻馬虎不得，但是在最後，還剩下一個最重要的大魔王，那就是必須接受顧客的最終驗證，也就是評論，畢竟每個人都有不想踩雷的心理，所以通常都會先閱讀別人的評論，查看這份餐點的評價如何，是不是大家都說好吃等等，因此顧客評論的重要性就在於此，尤其是經營外送店舖，一定會對

於這點深感共鳴，只要出現一顆星的評價，在那則評價沉下去之前，往往會損失大量的訂單。

　　這點證明了顧客對於評論非常敏感，在選擇以前會仔細查看其他人的意見，因此評論管理可說是左右外送產業成敗的關鍵。

只要提升熱門餐廳排名，
營業額就會隨之上升

Chapter 05

熱門餐廳排行榜是「外送的民族」透過其獨有的計算方式，按類別公開前20名的店家。從顧客的角度來說，通常會傾向於在有經過驗證的店家訂餐，比較能夠期待有保障的味道和服務，所以有很多人都會先搜尋熱門餐廳排行榜。如果是正在經營外送餐飲店或準備創業的人，一定也會好奇熱門餐廳排行榜的標準為何，想知道該怎麼做才能進入排名、是誰用什麼樣的方法來評分的、評分標準為何等未公開的條件，畢竟這點會直接影響到營業額，就和味道、熱情與服務受到肯定的程度一樣，所以當然會希望能夠進入排名。

根據我的經驗，只要進入熱門餐廳排行榜前5名，營業額就會上升20%以上，而且熱門餐廳排行榜第1名和其餘名

次之間的營業額差距，遠比想像中還要大。就拿我們的店來說，開業後短短2個月的時間，就在全韓國外送商圈中競爭最激烈的新林韓式料理類別熱門餐廳排行榜上衝到第3名，接著不到3個月就登上熱門餐廳第1名，同時也親身體會到第3名與第1名之間訂單數的巨大落差。

　　如〔圖片5-1〕所示，實際上只有「外送的民族」掌握了熱門餐廳排行榜相關的計算方式，不過透過客服中心打聽到的基本資訊，以及我們在短短2個多月登上第1名的經驗，我按照重要程度整理出提升排名的方法。

　　首先，我們在開業時就訂下了「熱門餐廳排行榜第1名」和「在10坪小店創下單日300萬韓元營業額」的目標，當時設定的這些目標雖然稍嫌大膽，但是結果我

〔圖片5-1〕打開熱門餐廳排行榜時，登上首頁看得到的名次會更有優勢

們在短時間內就達成了這個目標，同時也證實我們對於熱門餐廳排名的預測是準確的。

營業額與訂單數

訂單數越多，營業額自然就越高，如果想要增加營業額，就必須持續提升訂單數，所以實際上我們可以把這兩個單字視為同一個意思。

假設「外送的民族」是一名足球教練，他應該挑選哪些球員作為先發陣容才能取得勝利呢？顯然，如果是進攻球員，就必須能夠踢進很多球，如果是防守球員，就必須滴水不漏地守住球，才能幫助球隊獲勝，所以一定要用優秀的球員。換言之，當「外送的民族」在做熱門餐廳排行榜時，他們一定會推出那些有能力維持暢銷的商家，才能夠帶來營業額，團隊的形象也會獲得提升。

無論是在哪個領域的類別計算排名，這單純的基本機制都同樣適用，除此之外別無他法，畢竟大家都非常清楚「唯有僱用優秀的選手才能獲得勝利」的道理。儘管每個地區和商圈的情況都有所不同，但是如果客單價在20,000韓元以上，一天至少要有50筆訂單，如果客單價在10,000韓元以下，一天就必須達到100筆訂單以上，唯有如此，才能夠獲得「外送的民族」的關注。

「啊，這家店賣得真好，一定可以幫我賺到錢。」只要獲得這樣的肯定，就能達到進入熱門餐廳排行榜的標準。每家店的客單價和菜單都有所差異，所以初期不妨專注在提高營業額上，畢竟營業額也會被拿來與同業的其他店家進行相對的評估，我們一定要記住這點。就拿我們在新林的熱門餐廳排行榜登上第1名時來說，平日的營業額為200～220萬韓元，週末的營業額則為260～300萬韓元左右，2020年11月，我們在10坪的店面裡創下了7,300萬元的營業額，一舉登上了熱門餐廳排行榜第1名。

評論數

評論數不僅關係到熱門餐廳排名，還與顧客的訂單密切相關，尤其對於新顧客有相當大的影響力，所以如果營業額低迷，或者營業額在某個地方卡關，不妨專注在增加評論數上。如〔圖片5-2〕所示，我們的店在熱門餐廳排名登上第1名時，

〔圖片5-2〕11月24小時營業時有936則評論

1個月就獲得了936則顧客評論，而且我們採取了對於沒有報名評論活動的顧客也提供贈品的策略，但這不是在做慈善，因為我們家餐廳非常忙碌，沒有空一一檢查顧客有沒有確實報名評論活動，所以真正的目的其實是為了省去這個麻煩，減少失誤，降低員工的疲勞程度。除此之外，即使顧客沒有報名評論活動，我們依然提供給他們贈品，透過這份小小的感動，還有機會獲得額外的顧客評論。

在剛開業的時候，沒有人會認識你，就算挨家挨戶宣傳也有極限，此時唯一的方法就是慢慢提升營業額和評論數。萬一店裡突然變得很忙，就可能會出現失誤，導致評分下降，而不良的評價會立即對店面產生負面影響。評論管理就是顧客管理，切勿忘記掌握營業額的人永遠是顧客，所以不要等顧客來找你和記住你，而是應該盡快實施評論活動來吸引顧客。

回購率

只要在「外送的民族」平台上安裝帳簿，就可以查看回購率。所謂的回購率，指的就是「常客的多寡」，如果常客的比例超過50％，就有很高的機率進入熱門餐廳排行榜。因為常客比例較高的店家往往能夠持續創造利潤，所以能得

到更多的曝光，即使不在熱門餐廳排行榜上，也會有其他的曝光機會。提升回購率的方法很簡單：一是良好的產品，二是合理的價格，三是便宜的外送費，不過我們要記住，這些條件用的不是老闆，而是顧客的判斷標準，唯有如此，才能持續受到顧客的青睞。

訂單取消率

自從11月在熱門餐廳排行榜登上第1名後，我們真的接單接到手軟，在人員不足的情況下，也無法承接所有的訂單，所以只能不斷取消訂單，有一天還因為員工的問題沒辦法24小時營業。我們之所以會把店面從24小時營業改成12

只要在熱門餐廳排行榜登上第1名，自然就會不斷接到訂單

小時營業的最大原因,就在於訂單取消率,因為後來在營業額和顧客評論不變的條件下,我們在熱門餐廳排行榜中跌到第3名,可見訂單取消率對於熱門餐廳排行榜也有一定程度的影響。千萬不要在營業時間取消訂單,與其取消訂單,不如早點結束營業停止接單。

使用者評分

這是非常基本的標準,簡單來說,如果評分下降到4.7以下,就不可能進入熱門餐廳排行榜。

老闆的回覆/營業時間

沒有老師會喜歡一天到晚翹課的學生,同樣地,老師也不喜歡不寫作業的學生,而營業時間就像是出席率,老闆的回覆就跟作業一樣。

要一一回覆顧客的評論並非易事,雖然只要單純把評論讀完,簡單表達自己的想法即可,但是總不能每一次都重複同樣的台詞,要是寫得太短,又顯得沒有誠意,因此,我們不妨預先寫好回覆範例,接著修改前兩行左右再複製貼上即可。通常只需要5～10分鐘,老闆一天就能親自完成回覆。我們的店一天最多會收到45則評論,但是回覆這些評論只需要20分鐘左右的時間。除此之外,在決定營業時間後,

就必須長期照著營業時間來開店，不可以隨意休息，通常1天開14個小時以上比較容易獲得好評。

　　除了上述影響排名的因素以外，我們還透過針對競爭對手的分析選擇24小時營業，搶攻原本排名前幾名的店家打烊的時間段，也就是當時競爭業者停止營業的凌晨2點～上午9點。另外我們還分析了價格，在同一個價位提供更高品質的餐點，我認為正是這些策略發揮了作用。

　　「外送的民族」每週三都會更新半徑2公里的熱門餐廳排行榜，沒有永遠的熱門餐廳，即使是新開的店家，只要以熱門餐廳排行榜為目標好好努力，也有機會進入前幾名。

Chapter 06

顧客評論
攸關生死

　　顧客評論與營業額息息相關，看起來再美味的餐點照片，要是大家吃完的評價都不好，訂單數量就會逐漸下滑，畢竟正如我在前面所說的，顧客們傾向於掏錢買已經過驗證的美味食物來吃。雖然訂單數、評論數、按讚數、老闆的回覆，以上這些因素都很重要，但是顧客評論的影響力還是最為強大。

　　接下來，我們要具體探討顧客評論相關的4個重要因素，分別是「評論狀態更新」、「評論數」、「老闆的回覆」和「顧客評論內容」。

評論狀態更新

　　假設顧客選完餐點後，在點擊評論時，看到最近的一則顧客評論顯示在「前天」，從顧客的角度來說，可能就會合理地懷疑「這間餐廳昨天是不是都沒人點餐，這家店的食物能讓人放心嗎？」所以就算有點辛苦，外送餐飲店也應該連續營業3個月左右，要是休息一天，過兩天再開店時，訂單就會減少很多，如果長期週休一日，在店休日點進來的顧客很有可能就不會再次光顧了。除此之外，顧客在晚餐時間訂餐時也是如此，如〔圖片6-1〕所示，看到最新一則評論是昨天的，而且還只有1則，如果不是很有冒險精神，或者非吃這樣餐點不可的人，通常就不會輕易叫來吃。

〔圖片6-1〕最新的評論顯示在昨天

評論數

我們最好快速在自身類別達到 4.8（100+）以上。創造（100+）至關重要，透過評論活動、攻擊性行銷、人脈優勢來盡快達成吧！千萬不要在外送 APP 註冊完，就等著餡餅從天上掉下來，在 APP 裡沒有重力作用，所以餡餅是不會自己掉下來的，即使掉下來，我們也不能奢望它會落在自己的口中。

在〔圖片 6-2〕的這兩家店中，哪一家店有更高的機率被顧客選中呢？（100+）與（50+）對於訂單數往往會產生很大的影響。

〔圖片 6-3〕又如何呢？雖然同樣都是（100+），但是如果評分只有 4.3 顆星，就很難接到訂單。

要想在外送餐廳激烈的戰場上生存下去，就一定要控制在 4.8（100+）以上，這點往往是成功的關鍵因素。

〔圖片 6-4〕的情況也是如此，即使同樣都是 4.9 顆星，顧客評論較多的一方也會更占優勢，顧客評論就是「多多益善」。

〔圖片6-2〕基於評分選擇店家時的比較

〔圖片6-3〕高機率受到顧客選擇的店家比較

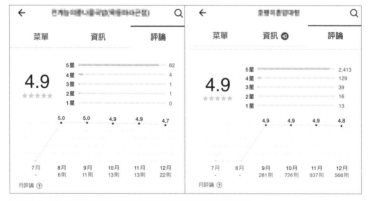

〔圖片6-4〕透過顧客評論比較受到顧客選擇的機率

老闆的回覆

老闆對顧客評論的回覆除了會對訂單產生很大的影響之外，也關係到熱門餐廳排名，這就是為什麼即使有點辛苦，也要在每天的下班時間，甚至隨時打開筆電以便回覆評論的原因，一般的桌上型電腦要開機運行比較麻煩，有可能會拖延到回覆評論的時間，即使心裡想著要回覆，當眼前還有其他事情要忙時，就很容易不小心忘記。

我們的店11月份的顧客評論有937則，平均每天都會收到31則左右的評論，有些人可能會說「要回覆那麼多評論，哪來的時間做生意？」這樣的想法大錯特錯。要是在當地已經建立起口碑，就算不回覆評論，也可以接到大量的訂單，這樣的店自然無所謂，可是如果沒有的話，就必須好好回覆評論，這種方式既可以回應顧客的意見，也能夠與他們建立關係。

我們可以把基本的感謝台詞或看起來稍微特別一點的句子放進記事本裡，只要頻繁變更內容，複製起來再把上面的一兩行換掉貼上，並不會花費多少時間，如果運用修改貼上來回覆4、5顆星的好評，只需要不到5分鐘就可以回覆10則評論。要是你連這樣都嫌麻煩，還抱怨「關店之後就應該要放鬆一下，哪來的閒工夫管這種事情」，大可不必投入外送創業。

如〔圖片6-5〕所示，從「感謝您的5顆星評價～」以下用紅色框起來的部分，都是使用樣本複製貼上的回覆。

在回覆的時候，不妨使用比傳訊息給男女朋友還要可愛的語氣，再加上精緻的表情符號，寫到讓人覺得有點誇張也無所謂，末尾最好還註明是誰撰寫了這則回覆，彷彿不是只有一個人在回覆一樣，我們可以創造兩三個人格，讓顧客覺得店家有在認真重視他們的感受。

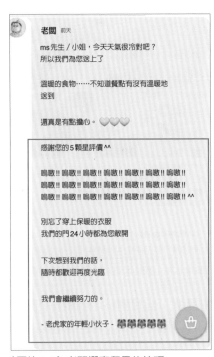

〔圖片6-5〕老闆撰寫留言的技巧

顧客評論

現在我們已經清楚地了解到顧客評論的分數和內容的重要性了，那麼如果想要獲得好的分數和內容，應該付出怎麼樣的努力呢？以下就讓我們來看看「Goptteok Chitteok」

〔圖片6-6〕讓顧客感受到老闆誠意的留言

這個品牌的例子。雖然這些都是祕訣，但是我有把握即使公開了，還是有90%以上的人看了也不會照著做。

看看〔圖片6-6〕的評論，能感受到老闆的誠意嗎？在收到外送餐點時，就可以知道這種誠意絕對不嫌多。有些人可能會說這些貼紙和包裝有點誇張，但是對於收到餐點的顧客來說，能夠感受到與眾不同的誠意，而且手寫的信和貼紙往往能夠吸引目光，讓顧客產生拍照上傳的慾望。在舉辦評論活動時也是如此，只要準備這些別緻的小禮物，就可以擄獲顧客的心。

檢查顧客的備註事項

偶爾會有顧客把自己的要求寫在備註事項上，此時與其直接滿足他們的要求，不如用醒目的顏色在備註事項上做出

回覆。這是為顧客帶來微小感動的大好機會，雖然只是簡短的回覆，也能藉此獲得顧客的信賴。

* 我家寶寶在睡覺，請您放在門口，再傳訊息給我，謝謝。

　-> 我們絕對不會按門鈴，也不會敲門的 ^^

* 我家小狗會叫，所以不要按門鈴，請您放在門口，再傳訊息給我。

　-> 我們會小心的 ^^

* 到了以後請打電話給我 -> 好的 ^^

* 請您千萬不要按門鈴 -> 好的！我們絕對不會的 !! ^^

另外，如〔圖片6-7〕所示，外送專賣店可以在收據上和顧客溝通。

顧客留下負評的原因

* 餐點品質不符合價格的時候
* 在送出餐點時遺漏了評論活動的贈品、飲料或免洗用具的時候
* 外送時間過長的時候
* 味道和過去相比退步的時候

〔圖片6-7〕透過收據與顧客互動的技巧

＊因為包裝失誤導致食物灑落或漏出來，讓顧客感到不愉

快的時候

＊外送員態度不佳的時候

＊餐點份量太少無法滿足顧客食量的時候

＊送到的餐點和顧客點的不一樣的時候

＊店家沒有妥善處理備註事項的時候

Chapter 07

帶來雙倍效果的
評論活動

　　隨著外送平台業者之間的競爭加劇，對於顧客來說，評論活動已成為理所當然的權利，甚至有部分顧客還會根據評論活動的贈品來決定要不要訂餐，所以這點對於營業額的影響很大，評論活動也成為店家與顧客之間的敏感問題。從店家經營的角度來看，這會增加成本，所以會產生負擔。畢竟大家都在做，自己不做又不行，但是如果做的話，成本又會上升，導致最終的收益減少，演變成左右為難的局面。

　　解決方案有兩種，一種是把飲食成本和評論活動的贈品金額列入考量，調整獲利結構，另一種就是秉持著薄利多銷的精神，靠銷量來拉高利潤。畢竟餐飲業屬於服務業，所以不僅態度要親切，味道要好吃，還要滿足顧客心理上的需

求，才能創造最佳的結果。對於訂餐的顧客，還有他們留下的那些對店家有幫助的評論，表示感謝是理所當然的。不過我們也要注意評論活動的贈品種類，如果只是其他店家都會給的罐裝可樂或汽水之類的飲料，可能沒有太大的吸引力，我們不妨試著尋找其他別出心裁的商品，看能不能利用差不多甚至更少的成本，為顧客創造更多的感動，最好還可以凸顯自家獨特又創新的理念。

評論活動贈品的採購條件

如果大量採購的話，應該可以買到稍微便宜一點的價格。300 ～ 700 韓元左右的贈品最為適合。

推薦的評論活動贈品
KF94 口罩、高級即溶咖啡、可爾必思、優格、椒鹽卷餅、營養口糧、Butter Ring 餅乾、哈瑞寶（小熊軟糖）、暖暖包

意想不到的口罩，或是花自己的錢買來喝會有點捨不得的高級即溶咖啡，如果是辣味餐點如炒年糕或雞爪，贈送比一般飲料容量還大的可爾必思，往往能夠創造遠高於成本的良好形象，廉價優格每1排有5個，價格稍微超過300韓元，比起罐裝可樂，大家通常會更喜歡可以分著吃的優格，當然，根據主要餐點的差異，我們也需要選擇不同的飲料。

根據訂餐金額設定評論活動贈品

我們還可以根據訂餐金額來設定活動贈品,舉例來說,在顧客點了6,800韓元的餐點的情況下,如果店家提供500韓元的評論活動贈品,就等於送出了餐點價格的10%,導致無法獲得相應的利潤,所以活動贈品也要根據訂餐金額來妥善設定。在把評論活動贈品列入考量後,如果產品成本率可以控制在30%左右,那就別無所求了。

如果根據訂餐金額來設定評論活動的贈品,顧客訂購的客單價也會隨之上升,因為這能夠刺激顧客多訂一點來換取精美活動贈品的心理,所以訂單金額越高的評論,我們可以提供賣場商品中性價比較高的商品,或是採用買一送一的方

根據訂餐金額來設定評論活動的贈品,顧客訂購的客單價也會隨之上升

式來滿足顧客。

　　說到舉辦評論活動，我們通常會先想到對於店家造成的損失，不過只要有效提供活動贈品給顧客，往往能夠增加訂單數、提升營業額。另外，收到評論活動贈品的顧客，除非對餐點非常不滿意、外送時間過長，或是有食物灑出來，不然通常很少會抱怨。

新進店家的評論活動策略

　　如果是新開業的店家，不妨考慮一種方法，那就是無論顧客有沒有參與評論活動都提供贈品。尤其是在還沒習慣外送店面時，很容易出現大大小小的失誤，無論是餐點的問題、包裝的問題還是配送的問題，當這些問題發生時，就把評論活動的贈品送出去吧！如此一來就能減少負評或評分下滑影響店面營業額的風險。

　　實際上，我們在新林開了韓式料理店後，也煩惱過評論活動贈品要送什麼來展現差異化。在通盤考量過會點韓式料理來吃的顧客情況後，我們得出的結論是，他們想吃到的是那種通常很難自己做來吃的食物，所以我們最後選擇了雜菜作為活動贈品，因為雜菜雖然不太費工，但是要吃的話，一次很難只做一點點。雖然給的份量不多，但是在開始提供顧客這項評論活動贈品以後，如〔圖片7-1〕所示，我們在3

個月內就登上了新林熱門餐廳排行榜的第1名，單月獲得超過900則評論。

我們透過與其他店家展現差異化的贈品來提升營業額，各位不妨也像這樣試著研究一下顧客可能會喜歡的促銷產品。如果是賣義大利麵的店家，可以提供焗烤義大利麵或起

份量實在是太多了，所以我們大家分著吃掉了!!燉湯很好吃，雜菜也別有一番風味 TT TT TT

因為看辣豆腐鍋的評價很好，所以就點來吃吃看，裡面放的豆腐很多，湯汁也甜甜辣辣的，非常好吃～送來還熱騰騰的評論活動雜菜也讓我吃得很開心 ^^

我很喜歡雜菜，
竟然會出現在評論活動裡!!
我吃得很開心。

謝謝你們送的雜菜～～我每次都吃得很開心

〔圖片7-1〕顧客們對於雜菜贈品的評論回響

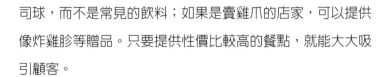

司球，而不是常見的飲料；如果是賣雞爪的店家，可以提供像炸雞胗等贈品。只要提供性價比較高的餐點，就能大大吸引顧客。

評論活動霸王餐

在經營外送店面時，往往會遇到不少吃「評論活動霸王餐」的顧客。當顧客報名了評論活動，卻沒有留下評論，我們就稱作「吃霸王餐」。就如同我在前面所說的，最好在提供所有活動贈品的假設下來計算成本率，這麼做才能夠減輕壓力，對於吃了兩三次霸王餐的顧客，我們也能反其道而行繼續提供贈品，往往能夠贏得好評。

Chapter 08

發放優惠券是毒藥
抑或是良藥

　　發放優惠券是一件好事嗎？還是不要發比較好呢？當
然，如果店家提供優惠券，吸引顧客訂餐的可能性更大，即
使是同一家連鎖店，如果地區重疊，同時在外送區域曝光，
發放優惠券的店家訂單數往往會更多，但是如果販售單價
低，在發放優惠券時就應該審慎考慮。

　　我在前面提到的評論活動贈品、免外送費和優惠券可以
視為一組套餐，舉例來說，如果提供所有評論活動贈品，免
外送費，再附上優惠券，想必顧客們會蜂擁而至爭相訂購，
但是對於店家來說只會賣越多、虧越多。因此，選擇適合自
家店面情況的做法至關重要。

〔圖片8-1〕左邊的總店－發放優惠券／右邊的加盟店－外送費0元

提供優惠券VS.外送費0元

　　〔圖片8-1〕是青春湯雞爪總店和加盟店的主頁，雖然本店提供優惠券，但是加盟店不提供優惠券，而是把外送費設定為0元起。優惠券的發放與否沒有正確答案，只要參考熱門餐廳排行榜前幾名的店家，根據該區域顧客的特性靈活運用即可。從〔圖片8-2〕中我們可以看到，他們的優惠券雖然按照訂餐金額來發放，但是青春湯雞爪單筆的最低訂餐金額為23,000韓元以上，所以實際上所有顧客至少可以享有1,000韓元的優惠。

〔圖片8-2〕各式各樣的優惠券

根據金額來發放優惠券

我們可以根據訂餐金額來設定優惠券折扣的多寡，藉此提高客單價。舉例來說，假設只要訂餐金額在24,000韓元以上就可以使用2,000韓元的優惠券，那麼顧客在點完21,000韓元的餐點後，就會想要再加點一份3,000韓元的拳頭飯，以獲得2,000韓元的折扣，因為他們會認為，只要多花1,000韓元，就可以得到價值3,000韓元的食物，為此感到開心。另一方面，從店家的角度來看，這麼做也可以提高營業額，所以發放這種優惠券對於顧客和店家來講可謂雙贏。

▶ 根據金額區間設定折扣優惠

最低訂餐金額18,000韓元以上 折扣1,000韓元

最低訂餐金額24,000韓元以上 折扣2,000韓元

最低訂餐金額100,000韓元以上 折扣10,000韓元

最低訂餐金額27,000韓元以上 折扣1,500韓元

最低訂餐金額32,000韓元以上 折扣2,000韓元

最低訂餐金額40,000韓元以上 折扣2,500韓元

設定優惠券的方法就如〔圖片8-3〕所示，只要在「外送的民族」網站「老闆廣場」右側的折扣管理中點擊折扣登錄，就能夠自行設定優惠券了。

在發放優惠券以後，訂單通常會明顯增加，客單價越高，發放優惠券對於提升營業額的效果就越大。如果還沒有嘗試過這個方法，不妨根據客單價靈活發放優惠券，相信一定能夠收穫遠大於期待的成果。

〔圖片8-3〕「外送的民族」網站優惠券設定技巧

外送生存法則

1. 在學到好的技巧以後，一定要親自付諸實踐，才有機會看到成果。

2. 即使是同一種經營策略，根據區域、產業和客群的不同，效果也會有所差異，所以我們一定要考量到自家店面的情況來使用。

3. 老闆需要親自嘗試應用學到的技巧並且加以修正，不斷重複這個過程。

公開衛生資訊
才能贏得顧客的信任

　　在許多顧客的刻板印象中，外送飲食店在衛生管理上沒有保障，雖然他們有時候也不得不叫外送來吃，但還是抱持先入為主的觀念和成見，總覺得有害健康而無法安心，也不信任店家在餐點裡使用的材料。然而如今時代已經澈底改變，以前大家可能在週末或特別日子才會叫外送，但是現在無論是午餐還是晚餐，人們在平時也會經常叫外送來吃。除此之外，如果父母下班回家的時間太晚，孩子們也會自己點餐來吃，可見外送餐點已經逐漸扎根，成為了日常生活中的一部分。

　　現代人往往希望吃得輕鬆，省去麻煩，不想為了吃一頓飯還要跑去超市買菜、處理食材和烹調。除此之外，煮完之

〔圖片9-1〕食藥處認證商家（左）、衛生資訊認證商家（中間）、沒有任何衛生相關認證的店家（右）

後剩下的食材也很讓人傷腦筋。如果家裡有很多人或許還吃得完，但是在家庭成員較少的現今，即使購買分裝的食材也經常用不完，反而叫外送來吃更省錢，也更符合邏輯，實際上，現在也有很多家庭就是幾乎天天叫外送來吃。

在同一個商圈裡，就算是同一家連鎖品牌，有沒有公開衛生資訊也會對訂單數量產生影響。

如〔圖片9-1〕所示，店家的衛生狀況在APP一目了然，往往也會被顧客拿來比較。如〔圖片9-2〕所示，衛生資訊的細項裡會顯示檢查月份、防蟲和防疫公司的認證標章，這些都可以給顧客留下值得信賴的店家形象。「Yogiyo」也是如此，如〔圖片9-3〕所示，他們在左上角標標註了CESCO[19]標誌，以便其他店家做出明顯的區分。

---

19 韓國的一家害蟲防治公司。

〔圖片9-2〕加入CESCO的商家

〔圖片9-3〕有加入CESCO成員的商家在「Yogiyo」上的標示

韓國食藥處認證商家

　　這是根據韓國食品醫藥安全處實施的「飲食店衛生等級制」來評價飲食店的衛生狀態，將優良的店家分為3個等級，並且進行公開和宣傳的制度。衛生等級制從2017年5月開始實施，其目的在於提高餐飲店的衛生水準、防範食物中毒以保障消費者的選擇權。

　　那麼獲選衛生等級的店家究竟有哪些好處呢？首先，他們會得到如〔圖片9-4〕所示的衛生等級指定書與標示牌，往後2年內也可以免除管轄地方自治團體進行的店家訪問衛生檢查，除此之外，在維修衛生設施和設備時，還能享有低息貸款的優惠。如果想要申請的話，只要透過「食品安全國家（www. foodsafetykorea.go.kr）」主頁報名，並且根據公開的指南來準備即可，也可以委託「韓國衛生等級支援中心

〔圖片9-4〕食品藥品安全部餐廳衛生等級指示

（https://blog.naver.com/hws4389）」之類的專業機構接受
諮詢服務。如果是第一次創業或經驗不多的業主，我會建議
從一開始就確實且仔細地接受相關知識的教育，先尋求諮詢
後再來付諸實踐，才能更順利地取得衛生等級制的認證。

韓國衛生等級支援中心：02-6949-0226

衛生資訊商家登記

　　「外送的民族」與CESCO有合作，如果使用CESCO，就可以自動登記，但是偶爾也會遇到無法自動登記的情況，此時就要請CESCO的負責人員幫忙登記。在成為CESCO正式成員以前，一般而言要經過4個月（120天）的持續管理才能夠確定成員資格，並且登記為衛生資訊商家。因此，我們一定要確認自己的店有沒有加入CESCO WHITE ／ BLUE[20]。

---

20 CESCO的認證分類，根據其官網的資訊，BLUE表示「沒有害蟲的店」，WHITE則表示「可以吃得安心的店」。

PART 04

靠小型外送餐廳
達成一億韓元的營業額

外送專賣餐飲店的成功神話是真的，創業者的一個想法往往就能
導向成功，可能是新菜單的開發，也可能是超群的經營手腕，抑
或是與眾不同的顧客管理。在連一般家庭也開始習慣叫外送的今
天，你就是那個主角，也是成功神話的見證人。讓我們參考以下
介紹的創業者案例，試著開一間外送專賣餐飲店吧！夢想就從準
備的階段開始實現。

Chapter 01

SNS廣告
是不可或缺的

以前的餐廳廣告都是在路上發放傳單來宣傳店面，雖然現在這種宣傳方法還沒有完全消失，但是大部分的人非但對傳單不感興趣，反而會感到不舒服。近來對比付出的成本，宣傳效果也明顯下滑，甚至幾乎消失，取而代之的是網路上的宣傳行銷。我們可以透過當紅部落客或網紅進行宣傳，也可以在臉書和Instagram上發布貼文，如果對於臉書的宣傳方式感到陌生，不妨把它單純當作是網路上的傳單。臉書的最大的優點，是能夠以較低的成本針對自家店面一定半徑以內的潛在顧客進行推廣。

實際上，以外送型商家的廣告投放結果顯示，廣告曝光期間的營業額上升高達20～30％。因為廣告可以持續投

放，所以儘管只是區域廣告，但是了解這一點的業主們往往有很高的比例會投入臉書經營。在實際操作時，我會建議一定要有好的廣告內容。

我曾經以店面半徑5公里以內的人為對象，在臉書上舉辦過「好友召喚活動」，結果我用每天5,000韓元的成本，在一週內獲得268則留言、12次分享和1.1萬次點擊。即使不是所有觸及的顧客都會下單，還是能達到宣傳店面的效果，看到這則廣告的用戶也會成為潛在顧客。尤其是剛開業不久的外送商家，在尚未建立既有客群的時候，一定要試試看這個做法，就算是已經累積了既有客群的店面，也可以藉此達到持續打響品牌的效果，如果想要把生意做好，我推薦各位一定要實際操作看看。

現在請在留言區召喚你的好朋友。
@好友召喚活動
#抽2人份免費的牛肥腸炒年糕！！～～@@

臉書廣告達成有效宣傳的條件

① 一定提供活動商品

② 廣告內容要在視覺上展現差異化

③ 每天的預算設定在10,000韓元～20,000韓元之間，
1個月持續投放大約10天

臉書宣傳方式＿Goptteok Chitteok*Jjimkkong Jjimdak三松
店

① 在臉書上建立新的粉專頁面

② 在粉專資訊欄輸入地址和營業時間

*輸入商家資訊－在頁面按鈕輸入從「外送
的民族」、「Yogiyo」和「Coupang Eats」
複製過來的連結，就可以讓用戶直接進入
對應的訂餐APP。

③ 按下最新老闆回覆右下角的分享鍵

*只要按下複製鍵，
即可複製「外送的
民族」連結。

④ 在訂餐鍵貼上複製好的連結，並且刪除文字的部分

⑤ 輸入現在正在營運的商家地區

* 臉書不像「Kakao Map」那麼詳細，所以我們可以對比「Kakao Map」來指定自家店面的位置。

⑥ 完成設定後上傳貼文並按下加強推廣按鈕

⑦ 設定受眾、預算和廣告投放區域

＊複製自家店面的「外送的民族」連結，刪
除文字的部分後貼上。

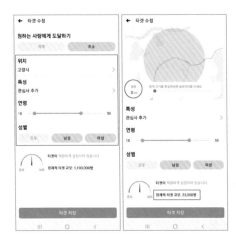

＊修改區域和年齡，潛
在顧客規模縮減到了
23,000名。

⑧ 在加強推廣貼文後，狀態就會變成「審查中」

＊預算方面可以根據每
間店的情況進行調
整。

⑨ 開始投放廣告

*審查通過後，廣告狀態就會變成「活躍」，
在臉書用戶的畫面中曝光。

Chapter 02

與顧客建立連結的
Instagram 廣告

　　Instagram的優點在於可以免費在第一線接觸到顧客，透過Instagram，我們可以直接與顧客互動，喚起他們的共鳴，進而提升親密感。要說缺點的話，那就是至少需要持續投入3個月以上，才看得到效果。然而，即使不在行銷上花錢，只要有足夠的耐心與毅力，也可以拉高宣傳效果，如果粉絲人數超過1,000名，就會對營業額產生實實在在的影響。

　　讓我們試著在2個月內持續更新Instagram吧！只要形象和內容營造得夠豐富，就能夠吸引顧客登門造訪。我們可以直接找到顧客進行宣傳，只要透過贊助廣告指定性別、年齡、距離和喜好，就能可以用少少的成本針對目標達到廣告

效果。考量到外送產業的特性，目標年齡層最好設定在15～40歲，性別男女不拘，距離約在半徑3公里到5公里以內。

炸豬排外送業者「感情廚房」光是靠外送，每個月就能創造9,000萬韓元的營業額，月收益接近2,000萬韓元。餐點的味道和品質固然重要，但是正如〔圖片2-1〕所示，他們之所以可以這麼成功，都要歸功於在Instagram上的持續經營。

〔圖片2-1〕排列得整整齊齊的顧客心得

〔圖片2-2〕每天不斷更新約3～5則的顧客好評

〔圖片2-3〕透過Instagram貼文吸引顧客訂餐

　　如〔圖片2-2〕所示，他們透過不斷更新貼文，對顧客展現誠信與毅力，藉此贏得顧客的信任，除了這一點以外，比如說前面提到的贊助廣告，或者就如〔圖片2-3〕所示，我們還可以透過Instagram限時動態來吸引顧客訂餐。

　　在前2週到1個月左右，我們不妨像〔圖片2-4〕與〔圖片2-5〕一樣，持續上傳貼文到Instagram，等到累積到一定程度豐富的內容，就可以查看店面周邊的健身房、美容院、美甲店、餐飲店的Instagram，並且互相追蹤。接著打

〔圖片2-4〕顧客只要在Instagram上點擊「立即訂餐」，就能直接連接到該業者在外送APP上的頁面

開之前按過「讚」的清單再追蹤他們，就能免費宣傳自己的店面。畢竟美容院、美甲店和健身房會互相追蹤的，主要都是住在當地的居民，所以只要在Instagram上充實店家資訊，對販賣的產品有信心，不妨大膽嘗試搶先一步追蹤這些潛在顧客，光是這麼做，就能達到宣傳店面的效果。等到粉絲數量成長到一定程度，店面也開始忙碌起來，很難一個一個追蹤時，再以該區域為目標投放Instagram廣告。

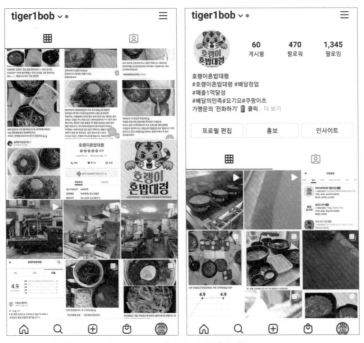

〔圖片2-5〕持續更新店面近況的「老虎家獨食上校」

Chapter 03

你竟然還沒進行部落格和
論壇行銷嗎？

透過Naver部落格或論壇來行銷，對於營業額產生的影響雖然不像以前來得那麼巨大，然而時至今日，一則部落格貼文或Mom Café上的一則美食心得，依然有機會為營業額帶來20～30%的提升。

比起外送型商家，部落格宣傳對於在店裡接待顧客的實體店面更有優勢，因為部落格不僅會介紹餐點，還會介紹店內實拍照或周邊景觀，讓人想要實地登門造訪。然而近幾年由於新冠疫情爆發，無法自由走進店裡用餐，所以外送餐飲店的介紹陸續登場，也帶動了營業額的上升。在部落格上有越來越多心得文在評價外送餐飲店的食物，它們對於餐點的評價和滿意度，甚至寫得比「外送的民族」評論區還要仔

細。如果運氣好，讓擁有高流量與高曝光的部落客寫一篇關於自家餐點的貼文，就會像〔圖片3-1〕那樣，以「區域＋餐點名稱＋外送美食」、「地區名稱＋外送＋餐點名稱」等形式顯示在Naver搜尋結果的最頂端。舉例來說，如果是在驛三的燉雞店，就會顯示「驛三＋外送＋燉雞」。

我們不妨隨時上Naver部落格檢視有沒有關於自家店面新上傳的貼文，如果是已經發布的貼文，就可以在顧客的部

〔圖片3-1〕透過Naver部落格獲得流量曝光的技巧　〔圖片3-2〕區域性Mom Café的曝光效果最好

落格上留言，如此一來就能與顧客產生互動，對於老闆在自己的文章上按讚加留言，顧客通常都會覺得很感動。

只要留言說為了表達感謝，會在下次訂餐時提供免費贈品，或是升級成更高價位的餐點，顧客下次回購的機率就會上升，就算免費提供一些東西，從店面的整體收益來看，也不會是損失。

活躍的Naver Mom Café就像在〔圖片3-2〕中顯示的那樣，每天的點閱數少則500次，多的則會達到3,000次以上。如〔圖片3-3〕所示，透過留言也能創造宣傳自家店面的機會。雖然也有幫忙在論壇上發文的業者，但是因為論壇會仔細審核某某帳號有沒有持續活動，是不是真的居住在該地區的人，所以即使花了錢，貼文也很有可能遭到下架。

〔圖片3-3〕在Mom Café宣傳自家店面的技巧

如〔圖片3-4〕所示，只要作為美味的外送餐廳在Mom Café獲得曝光，營業額就會上漲將近2倍，可見Mom Café的影響力之大。尤其如果發文的帳號在論壇上已經活躍了很長一段時間，又是有一定知名度的人，那麼效果會更好。然而，只要一有任何失誤，就可能會出現負評或抵制運動，所以一定要小心翼翼地打理好顧客服務、配送與餐點的衛生狀況。

〔圖片3-4〕作為美味的外送餐廳在Mom Café獲得曝光

Chapter 04

在紅蘿蔔市場
抓住商圈裡的顧客

　　截至2021年4月，韓國的二手拍賣APP「紅蘿蔔市場
（Dunggeun Market）」月訪問人數為1,400萬人，總下載量
高達2,200萬，是一個快速成長的交易平台，已經熱門到身
邊沒有人不用了，所以身為自營業者，我們千萬不能忽略能
夠以低廉成本宣傳自家店面的紅蘿蔔市場。

　　我們不妨先試著填寫商家資訊上傳到紅蘿蔔市場，紅
蘿蔔市場廣告的優點是比部落格和論壇的宣傳更為精準，而
且廣告費也相對便宜。雖然廣告費根據地區、類別、期間和
重複曝光次數而有所差異，不過以2019年第1季度紅蘿蔔
市場的平均廣告費來看，每1,000次曝光（CPM）的費用為
4,000 ～ 5,000韓元，比臉書約9,900韓元和Instagram約

5,600韓元還要便宜。

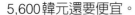

▶ 利用紅蘿蔔市場進行宣傳的優點

* 能夠準確得知廣告被多少人看見，其中又有多少人關注和點擊。

* 任何人都可以輕鬆地製作廣告。

* 可以針對自己想要投放廣告的區域進行精準的目標客群定位。

* 可以向區域內的潛在顧客進行宣傳。

* 紅蘿蔔市場的主要用戶是外送核心客群的24 ～ 44歲社區居民。

* 互動功能的設計很棒。

* 透過文字訊息與電話的客戶服務，可以立即解決顧客遇到的疑難雜症。

　　紅蘿蔔市場的廣告只要花3分鐘左右就能上線，如果有在精心策劃廣告，無論有沒有看到效果，只要堅持定期每個月或每個季度宣傳自家店面，必定會產生效果。

外送型商家在紅蘿蔔市場上的宣傳流程

　　① 在紅蘿蔔市場上註冊

②〔圖片4-1〕商業檔案登錄

③〔圖片4-2〕點擊撰寫資訊

④〔圖片4-3〕、〔圖片4-4〕、〔圖片4-5〕製作廣告

⑤〔圖片4-6〕、〔圖片4-7〕儲值

⑥〔圖片4-8〕廣告審核通過

⑦〔圖片4-9〕、〔圖片4-10〕廣告曝光

〔圖片4-1〕我們可以在商業檔案上
設定商家名稱、區域和類別，並且
上傳照片

〔圖片4-2〕點擊撰寫資訊

〔圖片4-3〕製作廣告
（此時只要加入活動，會更快產生效果）

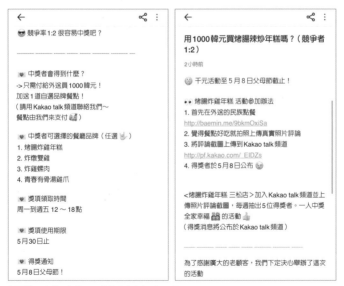

〔圖片4-4〕廣告活動範例（參考用）

〔圖片4-5〕廣告投放

〔圖片4-6〕儲值後就可以
選擇想要投放的時間和區
域,甚至能夠推測各地區
的預期觸及人數

〔圖片4-7〕我們可以點擊
按鈕調整預算

〔圖片4-8〕廣告審核通過
後,就會開始進行曝光

〔圖片4-9〕廣告曝光

〔圖片4-10〕檢視廣告曝光次數

　　審核通過的廣告將如〔圖片4-9〕所示，會在所選區域進行精準的曝光，雖然不一定會獲得點擊，還是可以利用它來讓店面有頻繁的曝光，即使沒辦法立刻看到立竿見影的變化，只要提升活躍粉絲人數、聊天次數和收藏次數，一定能夠產生效果。僅需低廉的成本就能有效投放廣告，就讓我們積極地運用這個技巧吧！

　　廣告開始投放後，如〔圖片4-10〕所示，我們可以確認準確的曝光次數、觸及人數、點擊率，如果點擊率下滑，不妨檢視廣告內容是否存在問題，並且執行升級後的全新策略。

Chapter 05

外送市場上
也是連鎖店占優勢

　　韓國外送市場儼然已經成為連鎖店的競技場，這句話一點也不誇張，從外送平台上的熱門餐廳排行榜來看，獨立商家的比例甚至連10％都不到，叫外送的顧客通常也傾向於選擇連鎖業者。

　　在外送平台這麼流行以前，除了披薩、漢堡和辣炒年糕連鎖店之外，很少有外送連鎖店，因為連鎖店總公司無法僅靠外送創造利潤，加盟店主也很難生存，不過如今情況發生了很大的變化，部分連鎖加盟店的外送業務已經超越店裡內用的營業額。我認識經營外送商家的朋友，他們每個月的淨收益都在1,000萬～2,000萬韓元之間，有在清州經營雞爪店的、在大田賣炸豬排的、在安山賣抓飯的，還有在麻谷

以加盟店創業的，光是靠著賣辣炒年糕，1個月就創造將近2,000萬韓元的淨收益。

　　當然，加盟連鎖店並非每個人都能成功，在這個地方熱銷的產品，在其他地方也可能賣得不好，有的加盟店經營得不錯，藉此創造出鉅額的利潤，也有的店家即使是著名連鎖品牌，卻仍然經營不善，頻繁出包，營業額始終拉不上去。然而，比起個人品牌，連鎖店的知名度確實比較高，拓展客源也相對容易，所以就算味道及格，獨立創業要成功往往還是有一定的難度。

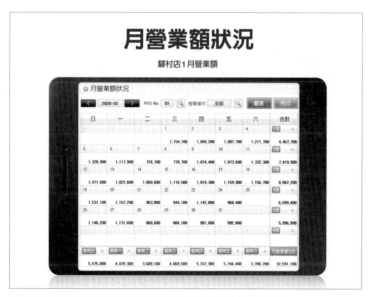

部分外送連鎖加盟店的外送業務已經超過了店內的營業額

　　以外送平台的特性而言，獨立創業需要很多設計的元素，從包裝紙、包裝容器到免洗餐具，個體商家和連鎖店在品質上必然會有所差異。要獨自熟悉和掌握外送營運和管理並非易事，也很難立即滿足和反映不同年齡層顧客的需求，因此雖然年紀尚輕，但是感性又熟悉手機操作的青年老闆們，通常能夠取得更好的成果，換句話說，韓國的外送創業市場已經邁入青年連鎖加盟的時代。

　　外送連鎖店的平均創業成本約為3,500萬韓元到5,000萬韓元，而且由於外送產業的特性，連鎖店也不一定選址要在月租昂貴或商圈的精華地段，所以在尋找店面時，負擔會比以內用顧客為主的商家還要輕很多。

Chapter 06

靠著創新菜單打造130家分店 200億韓元營業額 ——「Goptteok Chitteok」

　　牛肥腸炒年糕品牌「Goptteok Chitteok」是一間位於首爾驛三洞、月租40萬韓元的地下商家，僅靠外送就創下4,800萬韓元的營業額，而且在短短9個月的時間內，就達成在全韓國開130家加盟分店的目標。

　　本書的共同作者「Goptteok Chitteok」的林亨栽代表，也是經營「Jangbaenam TV」頻道的Youtuber，他認為之所以能夠在短時間內迅速拓展這麼多加盟店，是因為應用了獨立創業模式，為了實現這個經營模式，他提升訂餐的方便性，簡化食材的管理方式。他在親自經營外送型商家時，很早就意識到如果單次的訂餐金額太低，即使訂單數量很多，也只會把自己搞得很累，不會轉化為店家的收益，於是

他著手開發全新的品牌。他相信，只要在韓國最普遍的辣炒年糕裡加入牛肥腸，不只能夠提高訂餐金額，還能滿足顧客想要同時吃到這兩種食物的需求，憑藉這個創新的想法，在審慎而客觀的判斷下，他創立全新的品牌「Goptteok Chitteok」，將大眾化的「辣炒年糕」和美味與否見仁見智的「牛肥腸」結合在了一起。

這樣劃時代的創意並不是即興產生的，既有經營中的品牌「Jjimkkong Jjimdak」成為他的靈感來源。當時他打出「點燉雞送炸雞！」的口號來吸引顧客，就發現非常有效。這種創新的菜單會引起顧客的好奇心，激發他們想要品嚐的欲望，進而帶來訂單。

店主一個人要處理各種食材的經營模式，在以往聽起來或許困難重重，畢竟光是專注在一道餐點上，就已經很讓人吃不消了，更何況還要加入好幾道完全不同種類的食物，感覺簡直是天方夜譚。然而，在聽到展店數持續增加，獨自經營店面的女性加盟店主每天的營業額高達160萬韓元以後，才意識到這樣的菜單在市場上確實滿足了消費者的需求。

▶「Goptteok Chitteok」招牌菜單

「Goptteok Chitteok」—牛肥腸炒年糕

「Jjimkkong Jjimdak」—燉雞＆炸雞

「雞蚶螺」─炸雞、血蚶和螺肉

「正記湯飯」─血腸湯飯與豬肉湯飯

上述4種餐點是「Goptteok Chitteok」旗下品牌的招牌菜單，分別選用不同的原料，製作出了和諧又別具特色的料理。要開發出能夠混用的醬料也是極為不容易的過程，實現這一點的創業者成功地洞察到消費者的需求，這樣的發想著實值得肯定。

「Goptteok Chitteok」的招牌菜，同時也是熱門餐點的「牛肥腸炒年糕」、結合牛胸肉和血腸的「牛胸肉血腸炒年糕」、把無骨脆皮炸雞沾辣年糕湯吃會更好吃的「炸雞炒年糕」等等，乍看之下似乎需要分別訂購的食物，卻可以在一份餐點裡品嚐到，沒有顧客能夠抗拒這份誘惑。「Goptteok Chitteok」正是憑藉著這份主打菜單，成功攻占了外送辣炒年糕市場，他們蓬勃發展的樣子，證實這個點子的可行性。為了擴大選項，他們還在持續推出醬油炒年糕、麻辣炒年糕等創新的菜單。除此之外，他們也開發出以正餐為主的「正記湯飯」和適合當宵夜的「雞蚶螺」品牌，這種策略讓顧客只要想到餐點，腦海就能浮現出與之搭配的食物，而非僅止於單一的餐點本身，所以也深受準創業者的青睞。

Chapter 07

展現差異化的炸豬排
──感性廚房

　　手工炸豬排專賣品牌「感性廚房」的總店位於大田市儒城區，全韓國30家分店全部都不做內用，只透過外送來賣炸豬排。以總店為例，光是炸豬排外送就創下9,000萬韓元的營業額，淨收益達到2,000萬韓元。

　　手工炸豬排的金恩尚代表在大田還經營著100坪的酒吧和大型咖啡專賣店，但是他最大的收益，卻是來自用最少的成本創立的外送炸豬排，後來應朋友的要求，店面逐漸擴張，甚至經營起連鎖加盟事業。

　　「感性廚房」的經營策略，是實在的用料和高水準的味道，雖然是外送炸豬排，但是他們一直在努力提升品質，讓人只要吃過一次就難以忘懷，吸引顧客再次訂購。除此之

外，他們還持續推出手工吸血鬼炸豬排、地瓜起司炸豬排等時尚的創新菜單來吸引喜歡特色炸豬排的顧客。

世宗市的加盟店主就是看朋友每個月賺超過 1,000 萬韓元，於是跑來創業的例子，現在他正在積極經營自己的店面，據說計畫不久後還要再開一間店。目前「感性廚房」大多數開設的分店都名列熱門餐廳排行榜第一名，儼然已經成為外送炸豬排專賣的領導品牌。

▶ 感性廚房的招牌菜單

雙倍起司炸豬排

手工吸血鬼炸豬排

手工地瓜起司炸豬排

手工培根蛋黃義大利麵

手工玫瑰義大利麵醬炸豬排

手工洋蔥炸豬排

除此之外，「感性廚房」目前也在不斷推出各種蓋飯及方便料理的單人炸雞等副餐，以年輕客群為主持續廣受好評，逐漸成長為人氣品牌。

Chapter 08

靠雞爪創下1億韓元的月營業額
——「青春湯雞爪」

最近在人氣Youtube頻道「Maekhyeong TV」上介紹了一間「青春湯雞爪」，他們在一個店面裡靠外送創下一個月超過1億韓元的營業額。今年29歲的吳承根代表從二十歲出頭開始到現在，一直鍥而不捨地研究雞爪料理，他做的湯雞爪自詡全韓國第一，口感細膩而讓人上癮。青春湯雞爪別出心裁的特製醬料，搭配獨特的烹調手法，讓任何人都能夠把雞爪放進嘴裡吃個精光，啃到只剩骨頭，即使是以前不喜歡吃雞爪的人，也會因此愛上雞爪。2021年3月，他們在一個月內就成功簽訂了23份加盟合約，一躍成為人氣品牌，自從2021年2月開啟加盟事業後，他們已經簽出70家分店的合約。

▶ 青春湯雞爪在外送平台上的表現

近期訂單數 19,000+

全部評論數 27,565 則

2021 年 1 月的單月評論數 1,041 則

青春湯雞爪創下了外送餐飲店能夠獲得的最高數據，光憑這些紀錄，就可以看出顧客們有多麼熱愛這個品牌。

▶ 青春湯雞爪的招牌菜單

青春湯雞爪

帶骨青春湯雞爪

軟骨＆飛魚卵拳頭飯套餐

韓式古早味炸雞

炸雞胗

炸無骨雞爪

▶ 青春湯雞爪創業的優勢

烹調方便，出餐速度快。

客單價偏高，約為 23,000 韓元。

Chapter 09

12坪咖啡店創造1億5千萬韓元營業額 ——「鳳鳴洞我的咖啡」

最近有訂過外送咖啡的人，應該都有實際訂過或至少看過「鳳鳴洞我的咖啡」。靠著1公升瓶裝咖啡在全韓國開了130幾家加盟店的「鳳鳴洞我的咖啡」，打出「超大杯超好喝」的口號，以高CP值的店家定位在韓國的年輕族群中掀起熱潮。

金智宇創辦人在中餐廳工作時，突發奇想到：「為什麼炸醬麵可以外送，咖啡卻不能外送呢？」接著就與妻子一起在月租40萬韓元的C級商圈開了現在的「鳳鳴洞我的咖啡」總店。雖然起初並不順利，但是透過持續開發菜單，以及為目標客群量身定做的行銷手法，在12坪店面創造出1億5千萬韓元的營業額，成為全韓國坪效第一的咖啡專賣店。

　　總店獲得巨大成功後，就開始陸續開設分店，就連朋友、親戚也加入其中，結果不知不覺間分店數量就增加到130多家。雖然創業成本遠不及超過一億韓元的平價咖啡連鎖店的一半，但是營業額卻保持在全韓國咖啡連鎖店坪效的前段班。

　　「鳳鳴洞我的咖啡」不只販賣咖啡飲料，還銷售各式各樣的甜點，例如塗滿鮮奶油的格子鬆餅、韓國糖餅、奶油雞蛋糕、比專賣店還好吃的辣炒年糕、烤吐司，除了提供飲料，更滿足了MZ世代[21]想要一次解決一頓飯的喜好。

▶「鳳鳴洞我的咖啡」平台現狀

最近訂單數34000+

總評論數50,000則

截至2023年3月為止的按讚數為8,832個

　　他們不僅創下了全韓國咖啡外送專賣連鎖店的最高數字，現在也還在持續刷新紀錄。對於外送創業感興趣的人來說，有許多值得參考學習的地方。

---

21 泛指出生於1980年代到2000年代初期的人，特點是善於操作網際網路、行動裝置與社群媒體，因此又被稱為「數位原住民」。

▶「鳳鳴洞我的咖啡」代表菜單

1公升瓶裝美式咖啡

1公升瓶裝招牌桃子奶昔

（咖哩香）招牌辣炒年糕

美式蘋果鮮奶油格子鬆餅

招牌雞蛋糕

咖央火腿起士吐司

無骨炸雞爪

▶ 創業時選擇「鳳鳴洞我的咖啡」的優點

創業成本比其他平價咖啡連鎖店還低。

由於不受商圈限制，所以也能節省店舖成本。

Chapter 10

「店中店」創業的王者
──「FALL IN PILAF 抓飯＆義大利麵」

大家或許會認為抓飯、義大利麵、牛排是具有高度專業性的菜單，但是現在情況其實並非如此。「FALL IN PILAF」與大公司「三星WELSTORY」簽訂物流合約，訂購系統簡便，烹調體系也系統化，所以在披薩專賣店推出「FALL IN PILAF」的加盟主反而認為比做披薩還容易。

他們最大的優點在於創業成本低廉、週轉率高、損耗較少。在經營店面時，肉類、醬料、蔬菜類往往很容易變質，但是他們不太會遇到這種問題。根據經營過店主們的說法，幾乎不會有東西需要丟棄，物流成本也比其他項目來得低廉，因此收益表現很好，不過有一點限制是店裡必須設有爐灶，也需要有一定大小的廚房空間，才能夠經營店中店。

　　共同創辦人申允浩、金龍泰4年前原本經營著寵物咖啡廳，當時他們在咖啡廳賣抓飯和義大利麵，結果這些菜做出了口碑，一傳十、十傳百，顧客紛紛表示想叫外送來吃，於是他們就此開啟外送事業，可謂是一個傳奇故事。獨立店面光是外送就創下8,000萬韓元的營業額，店中店也達成1,000萬韓元的利潤。

　　目前除了直營店外，全國已經開出70多家分店，加盟業務也在積極拓展當中，不過總公司還有個特別的方針，那就是在評選加盟主時設有年齡限制。

▶「FALL IN PILAF抓飯＆義大利麵」已洞店平台現狀
最近訂單數8000+
總評論數11,000則
截至2023年3月為止的按讚數為4,307個

　　如果你在經營披薩店，或是具備一定規模以上設有爐灶的店面老闆，千萬別忘記有「FALL IN PILAF」可以作為店中店品項來販售。

▶「FALL IN PILAF抓飯＆義大利麵」代表菜單

梅花肉抓飯便當

泡菜抓飯便當

炸豬排抓飯丼

義式培根蛋黃義大利麵便當

蒜香鮮蝦義大利麵

海鮮蕃茄義大利麵

培根玫瑰義式燉飯

雞柳沙拉

▶ 創業時選擇「FALL IN PILAF抓飯＆義大利麵」的優
　點

－ 因為是店中店創業，所以能以最低成本來創業。

－ 因為已與大公司「三星WELSTORY」簽約，所以從訂
　貨到烹調都很方便。

▶ 經營店中店（Shop in Shop）需要什麼樣的準備？

以外送創業來說，「店中店」這個說法其實並不準確，嚴格來說應該是「多品牌行銷策略」。「店中店」的意思原本是多人在同一個店面中各自經營自己的品牌，但是以外送創業來說，則是反過來由一個人同時經營多個品牌。

換句話說，品牌不會自己創造營收，而是有更多的工作要做。

「店中店」是一種縮小的概念，而「多品牌」則是一種擴張的概念。由於一個人要同時經營多個品牌，如果不能最佳化營運系統，一加一不是二，反而還可能是負數。反過來說，如果能夠提升營運效率，也可能創造大於二的成效。

因此，如果沒有好好挑選品牌與菜單，很容易導致營運效率低落，忙得半死營業額卻仍舊遲遲無法提升，到頭來落得一場空。

▶ 何謂有效的多品牌經營策略？

第一點：統一食材訂購管道

　　如果訂購食材的管道分散，從銷售準備工作的一開始就會浪費掉很多精力。每個品牌所需的食材種類少則30種，多則60種以上，經營3個品牌的話，就要處理90 ～ 180種食材，所以如果訂購管道分散，甚至連訂貨方式也不一樣，從食材訂購的過程中就會遇到困難。

第二點：統一食材

　　基於上述理由，我們必須儘可能減少食材的種類，並且提高食材的利用率，讓一種食材應用在多種菜單上，才能方便烹調與管理。

第三點：各個品牌的主要銷售時段錯位

　　每一種菜單都會有其主要的銷售時段，如果各個品牌的主要銷售時段相同，就會導致營運效率低落，只有特定時段比較忙，其餘時段都很閒。

　　根據銷售時段大致可以分為主餐菜單、點心菜單、晚餐菜單、宵夜菜單和24小時供應的菜單。為了避免浪費或錯過訂單，我們必須精心安排，才能降低人力成本，並且將營業額最大化。

第四點：各個品牌之間的菜單互通性

　　舉例來說，假設我們經營炸雞、炒年糕、燉雞、雞爪等4個品牌，那麼就可以將炸雞品牌使用的炸雞原封不動地應用在炒年糕品牌中，推出「炸雞炒年糕」的菜單，抑或是應用在雞爪品牌中，推出雞爪與炸雞組合套餐，當然我們也可以反過來設計菜單。換句話說，就是利用一個菜單來創造各式各樣的菜單，如此一來也能達到減少食材種類與損耗的效果。

　　如果要準備同時經營多個品牌，我認為至少應該滿足以上4點，才能夠算得上是「經營策略」。

寫下你專屬的外送創業策略⋯

實用知識 89

這樣開一人外送餐廳，成為活下來的那5%
38個實戰祕訣，跟著外送富翁這樣做
배달장사의 진짜 부자들：성공하는 작은 식당 소자본 배달시장의 모든 것

作　　者：林亨栽（임형재）、孫勝煥（손승환）
譯　　者：李煥然
責任編輯：王彥萍
校　　對：王彥萍、唐維信
封面設計：木木 lin
排　　版：王惠葶
寶鼎行銷顧問：劉邦寧

發 行 人：洪祺祥
副總經理：洪偉傑
副總編輯：王彥萍
法律顧問：建大法律事務所
財務顧問：高威會計師事務所
出　　版：日月文化出版股份有限公司
製　　作：寶鼎出版
地　　址：台北市信義路三段151號8樓
電　　話：(02)2708-5509 / 傳　　真：(02)2708-6157
客服信箱：service@heliopolis.com.tw
網　　址：www.heliopolis.com.tw
郵撥帳號：19716071 日月文化出版股份有限公司

總 經 銷：聯合發行股份有限公司
電　　話：(02)2917-8022 / 傳　　真：(02)2915-7212
製版印刷：軒承彩色印刷製版股份有限公司
初　　版：2024年01月
定　　價：380元
ＩＳＢＮ：978-626-7405-03-1

國家圖書館出版品預行編目資料

這樣開一人外送餐廳，成為活下來的那5%：38個實戰祕訣，
跟著外送富翁這樣做 / 林亨栽、孫勝煥著；李煥然譯 -- 初版.
-- 臺北市：日月文化出版股份有限公司, 2024.01
288面；14.7×21公分. --（實用知識；89）
譯自：배달장사의 진짜 부자들：성공하는 작은 식당 소자본
　　　배달시장의 모든 것
ISBN 978-626-7405-03-1（平裝）

1. CST：外送服務業　2. CST：商店管理　3. CST：電子商務
4. CST：創業　5. CST：職場成功法

489.1　　　　　　　　　　　　　　　　112019128

日月文化集團
HELIOPOLIS
CULTURE GROUP

感謝您購買 **這樣開一人外送餐廳，成為活下來的那5%**
38個實戰祕訣，跟著外送富翁這樣做

為提供完整服務與快速資訊，請詳細填寫以下資料，傳真至02-2708-6157或免貼郵票寄回，我們將不定期提供您最新資訊及最新優惠。

1. 姓名：＿＿＿＿＿＿＿＿＿＿＿＿ 性別：□男　　□女

2. 生日：＿＿＿＿年＿＿＿月＿＿＿日　職業：＿＿＿＿＿

3. 電話：（請務必填寫一種聯絡方式）

　（日）＿＿＿＿＿＿＿（夜）＿＿＿＿＿＿＿（手機）＿＿＿＿＿＿＿

4. 地址：□□□＿＿＿＿＿＿＿＿＿＿＿＿＿＿＿＿＿＿

5. 電子信箱：＿＿＿＿＿＿＿＿＿＿＿＿＿＿＿＿＿＿＿

6. 您從何處購買此書？□＿＿＿＿＿＿＿縣/市＿＿＿＿＿＿＿書店/量販超商

　　□＿＿＿＿＿＿＿網路書店　□書展　□郵購　□其他

7. 您何時購買此書？　　年　　月　　日

8. 您購買此書的原因：（可複選）

　　□對書的主題有興趣　□作者　□出版社　□工作所需　□生活所需

　　□資訊豐富　　□價格合理（若不合理，您覺得合理價格應為＿＿＿＿）

　　□封面/版面編排　□其他＿＿＿＿＿＿＿＿＿＿＿＿

9. 您從何處得知這本書的消息：　□書店　□網路／電子報　□量販超商　□報紙

　　□雜誌　□廣播　□電視　□他人推薦　□其他

10. 您對本書的評價：（1.非常滿意 2.滿意 3.普通 4.不滿意 5.非常不滿意）

　　書名＿＿＿＿　內容＿＿＿＿　封面設計＿＿＿＿　版面編排＿＿＿＿　文/譯筆＿＿＿＿

11. 您通常以何種方式購書？□書店　□網路　□傳真訂購　□郵政劃撥　□其他

12. 您最喜歡在何處買書？

　　□＿＿＿＿＿＿＿縣/市＿＿＿＿＿＿＿書店/量販超商　　□網路書店

13. 您希望我們未來出版何種主題的書？＿＿＿＿＿＿＿＿＿＿＿＿

14. 您認為本書還須改進的地方？提供我們的建議？

＿＿＿＿＿＿＿＿＿＿＿＿＿＿＿＿＿＿＿＿＿＿＿＿＿＿＿

＿＿＿＿＿＿＿＿＿＿＿＿＿＿＿＿＿＿＿＿＿＿＿＿＿＿＿

＿＿＿＿＿＿＿＿＿＿＿＿＿＿＿＿＿＿＿＿＿＿＿＿＿＿＿

＿＿＿＿＿＿＿＿＿＿＿＿＿＿＿＿＿＿＿＿＿＿＿＿＿＿＿

實用

知識

寶鼎出版